沙漠砂资源化利用
高性能水泥基复合材料

李田雨　张如九　杜昊轩　王维康◎著

RESOURCE UTILIZATION OF DESERT SAND
HIGH PERFORMANCE CEMENT-BASED COMPOSITES

U0220647

河海大学出版社
HOHAI UNIVERSITY PRESS
·南京·

内容简介

本书旨在践行国家"双碳"战略,服务"一带一路"倡议,探索荒漠化防治学突破点,推进绿色发展。以我国目前对建筑砂需求增加导致的河砂短缺问题愈发严重,河砂过度开采对生态环境产生负面影响以及我国广阔充沛的沙漠资源为出发点,结合沙漠砂混凝土、超高性能混凝土及固废综合利用的研究发展现状,介绍了使用沙漠砂制备高性能纤维增强水泥基复合材料,具体包括沙漠砂高性能混凝土的研发、改性沙漠砂作为辅助胶凝材料的性能研究及筛后沙漠砂骨料对水泥基材料孔结构的影响研究。

本书可供建筑材料及工程用混凝土材料制造、设计的相关技术人员阅读使用,也可作为高等院校相关专业科研人员做参考书用。

图书在版编目(CIP)数据

沙漠砂资源化利用:高性能水泥基复合材料 / 李田雨等著. -- 南京:河海大学出版社,2024.3
  ISBN 978-7-5630-8891-1

Ⅰ. ①沙… Ⅱ. ①李… Ⅲ. ①水泥基复合材料-研究 Ⅳ. ①TB333

中国国家版本馆 CIP 数据核字(2024)第 044495 号

书　　名	沙漠砂资源化利用——高性能水泥基复合材料	
书　　号	ISBN 978-7-5630-8891-1	
责任编辑	杜文渊	
特约校对	李　浪　杜彩平	
装帧设计	徐娟娟	
出版发行	河海大学出版社	
地　　址	南京市西康路 1 号(邮编:210098)	
电　　话	(025)83737852(总编室)　(025)83722833(营销部)	
	(025)83787763(编辑室)	
经　　销	江苏省新华发行集团有限公司	
排　　版	南京布克文化发展有限公司	
印　　刷	广东虎彩云印刷有限公司	
开　　本	718 毫米×1000 毫米　1/16	
印　　张	11.5	
字　　数	200 千字	
版　　次	2024 年 3 月第 1 版	
印　　次	2024 年 3 月第 1 次印刷	
定　　价	69.00 元	

前言

Preface

  我国沙漠总面积约为 130 万 km^2,有着大量天然的沙漠砂资源,集中分布在北方、西北地区 9 个省份。"一带一路"推动了我国西部地区工程建设的快速发展,同时加快了建筑材料的消耗。针对北方、西北地区偏远以及运输成本高等现状,工程用砂的供需矛盾日益突出。我国明确提出了 2030 年"碳达峰"与 2060 年"碳中和"的目标,"双碳"战略倡导绿色、环保、低碳的生活方式。加快降低碳排放步伐,有利于引导绿色技术创新,提高产业和经济的全球竞争力。随着新时代生态文明建设的深入推进,人民对优美生态环境的需求与水土保持系统治理能力不足的矛盾日益突出,着力探索新时代荒漠化防治学的发展突破点,凸显河海大学工科背景和特色优势的学科基础。

  水泥基材料是最大量使用的土木工程材料,为当今社会市政基础设施和房屋建筑工程的主要使用材料,同时为人类不断扩大开展的海洋、地下、空间研究提供服务。持续发展的新型水泥基材料不断地为水泥基材料科学注入新的内容。针对沙漠砂混凝土的研究国内外已开展颇多,其主要思路是将沙漠砂作为河砂等建筑细骨料的替代品,进而从根本上解决河砂资源短缺的问题,但是无法解决并探明沙漠砂掺量过高时的负面影响及其影响机理。本书在超高性能混凝土的设计理念基础上,研究沙漠砂替代河砂研制高性能纤维增强水泥基复合材料的可能性及其作用机理,区别于传统的将沙漠砂直接作为骨料使用,本书基于沙漠砂"超细砂"的物理特征,将其改性处理分成沙漠砂活性粉末与沙漠砂粗骨料两部分,并分别作为功能组分进行新材料的研发与性能研究。孔结构是水泥基材料中最为复杂且重要的组成部分,本书借助多种表征手段研究沙漠砂复合改性纤维增强水泥基材料中的孔结构特征,并建立相关拟合线性关系。本书研发的高性能水泥基复合材料以及建立的拟合分析方法,为沙漠砂的资源化利用提出了多种新思路。全书可分为 7 章,其中:

第 1 章为绪论,介绍了国内外沙漠的分布、特征以及沙漠砂混凝土的发展概况,同时介绍了本书的研究内容、研究思路和技术路线。第 2 章为大掺量使用固废等矿物掺合料替代部分水泥,并研究原状沙漠砂逐渐替代河砂时对纤维增强高性能水泥基复合材料的影响。第 3 章为预处理沙漠砂作为辅助胶凝材料对水泥基材料的性能影响研究。第 4 章、第 5 章主要为沙漠砂作为细骨料对水泥基材料孔结构的影响研究,首先比较了传统孔结构研究方法(压汞法)与基于断层扫描技术(X-CT)建立孔结构模型的研究方法间的差异;然后对不同组成细骨料的比表面积(SSA)进行近似计算并分析其粒径分布,建立空隙含量与细骨料 SSA 的线性关系,并分析沙漠砂的加入对高强纤维增强砂浆空隙体系的影响。第 6 章为沙漠砂的应用研究,具体为结合我国西北地区的气候特征,研制生态纤维复合改性沙漠砂增强水泥砂浆。第 7 章为针对沙漠砂高性能水泥基复合材料研究的思考,是本书开展研究的总结,同时提出本研究工作目前存在的问题与未来工作展望。

本书的主要研究工作在河海大学完成,部分实验在宁夏大学完成,本工作是在江苏省创新支撑计划(软科学研究)专项资助-青年基金项目(项目编号:BK20230955)、中国博士后基金第 74 批面上(资助编号:2023M740983)江苏省卓越博士后计划(资助编号:2023ZB279)、江苏省土木建筑学会科研课题以及江苏省科技厅科技项目碳达峰碳中和科技创新专项资金[城市多源固体废弃物负碳资源化利用技术研究与重大科技示范(BE2022605)]的资助下完成的。本书主要由李田雨、张如九、杜昊轩、王维康、陈振、沈欣欣、职子涵、尹亮著。包腾飞、刘小艳、孙旭、石芳荧、李扬涛、朱杰、吴晨洁参加了本书有关的研究工作和部分撰写。本书稿团队在研究及书稿定稿出版过程中得到了宁夏大学土木和水利工程学院、宁夏土木工程防震减灾工程技术研究中心王德志教授的指导和帮助,特此致谢。本书中还存在许多不足之处,诚恳期望读者和应用单位批评指正,以便后续补充完善。

作者

2023 年 9 月于河海大学芝纶馆

目录

Contents

第1章 绪论 ……………………………………………… 001

1.1 沙漠砂资源化利用的背景和意义 ……………………… 001

   1.1.1 背景 ……………………………………………… 001

   1.1.2 意义 ……………………………………………… 004

1.2 沙漠砂的分布与特征 …………………………………… 004

   1.2.1 沙漠的分布 ……………………………………… 004

   1.2.2 沙漠砂的特征 …………………………………… 007

1.3 沙漠砂混凝土的发展概况 ……………………………… 009

   1.3.1 研究进展 ………………………………………… 009

   1.3.2 发展方向 ………………………………………… 013

1.4 再生微粉/骨料混凝土与超高性能混凝土的发展概况 … 014

   1.4.1 研究进展 ………………………………………… 014

   1.4.2 发展方向 ………………………………………… 021

1.5 水泥基材料孔结构模型分析技术的发展概况 ………… 023

   1.5.1 研究进展 ………………………………………… 023

   1.5.2 发展方向 ………………………………………… 025

1.6 存在问题与研究内容 …………………………………… 026

   1.6.1 目前存在的主要问题 …………………………… 026

   1.6.2 研究内容 ………………………………………… 027

　　　1.6.3　研究路线 ………………………………………… 028

参考文献 ……………………………………………………… 029

第 2 章　沙漠砂复合纤维增强水泥基材料的制备及其性能研究 ……… 044
2.1　材料的制备 ……………………………………………… 045
　　　2.1.1　原材料 ……………………………………………… 045
　　　2.1.2　制备方法 …………………………………………… 047
2.2　力学性能研究 …………………………………………… 048
　　　2.2.1　试验方法 …………………………………………… 048
　　　2.2.2　结果与讨论 ………………………………………… 048
2.3　孔结构研究 ……………………………………………… 050
　　　2.3.1　试验方法 …………………………………………… 050
　　　2.3.2　结果与讨论 ………………………………………… 050
2.4　微观结构特征研究 ……………………………………… 053
　　　2.4.1　试验方法 …………………………………………… 053
　　　2.4.2　结果与讨论 ………………………………………… 053
2.5　沙漠砂的作用机理分析 ………………………………… 057
2.6　本章小结 ………………………………………………… 057
参考文献 ……………………………………………………… 058

第 3 章　改性沙漠砂微粉作为辅助胶凝材料的可行性研究 ………… 060
3.1　材料的制备 ……………………………………………… 062
　　　3.1.1　原材料 ……………………………………………… 062
　　　3.1.2　制备方法 …………………………………………… 062
3.2　改性沙漠砂微粉与水泥之间的特征对比 ……………… 063
　　　3.2.1　试验方法 …………………………………………… 063
　　　3.2.2　结果与讨论 ………………………………………… 063
3.3　力学性能研究 …………………………………………… 067
　　　3.3.1　试验方法 …………………………………………… 067
　　　3.3.2　结果与讨论 ………………………………………… 068
3.4　水化热研究 ……………………………………………… 068

　　　3.4.1　试验方法 ●●●●●●●●●●●●●●●●●●●●●●●●●●●●●●●●●●●●● 068

　　　3.4.2　结果与讨论 ●●●●●●●●●●●●●●●●●●●●●●●●●●●●●●●● 069

　3.5　孔结构研究 ●●●●●●●●●●●●●●●●●●●●●●●●●●●●●●●●●●●●●●● 073

　　　3.5.1　试验方法 ●●●●●●●●●●●●●●●●●●●●●●●●●●●●●●●●●●●●● 073

　　　3.5.2　结果与讨论 ●●●●●●●●●●●●●●●●●●●●●●●●●●●●●●●● 073

　3.6　物相特征研究 ●●●●●●●●●●●●●●●●●●●●●●●●●●●●●●●●●●● 083

　　　3.6.1　试验方法 ●●●●●●●●●●●●●●●●●●●●●●●●●●●●●●●●●●●●● 083

　　　3.6.2　结果与讨论 ●●●●●●●●●●●●●●●●●●●●●●●●●●●●●●●● 084

　3.7　微观结构研究 ●●●●●●●●●●●●●●●●●●●●●●●●●●●●●●●●●●● 086

　　　3.7.1　试验方法 ●●●●●●●●●●●●●●●●●●●●●●●●●●●●●●●●●●●●● 086

　　　3.7.2　结果与讨论 ●●●●●●●●●●●●●●●●●●●●●●●●●●●●●●●● 086

　3.8　改性沙漠砂微粉的作用机理分析 ●●●●●●●●●●●● 091

　3.9　本章小结 ●●● 091

　参考文献 ●● 092

第4章　沙漠砂作为细骨料对水泥基材料孔结构的影响研究 ●●●●●●● 096

4.1　材料的制备 ●●●●●●●●●●●●●●●●●●●●●●●●●●●●●●●●●●●●●●● 097

　　　4.1.1　原材料 ●●●●●●●●●●●●●●●●●●●●●●●●●●●●●●●●●●●●● 097

　　　4.1.2　制备方法 ●●●●●●●●●●●●●●●●●●●●●●●●●●●●●●●●●●● 098

4.2　力学性能研究 ●●●●●●●●●●●●●●●●●●●●●●●●●●●●●●●●●●●● 098

　　　4.2.1　试验方法 ●●●●●●●●●●●●●●●●●●●●●●●●●●●●●●●●●●●●● 098

　　　4.2.2　结果与讨论 ●●●●●●●●●●●●●●●●●●●●●●●●●●●●●●●● 099

4.3　基于MIP技术的孔结构研究 ●●●●●●●●●●●●●●●●●●●● 099

　　　4.3.1　试验方法 ●●●●●●●●●●●●●●●●●●●●●●●●●●●●●●●●●●●●● 099

　　　4.3.2　结果与讨论 ●●●●●●●●●●●●●●●●●●●●●●●●●●●●●●●● 100

4.4　基于X-CT技术二位切片数据的孔结构研究 ●●●●● 102

　　　4.4.1　数据处理方法 ●●●●●●●●●●●●●●●●●●●●●●●●●●● 102

　　　4.4.2　结果与讨论 ●●●●●●●●●●●●●●●●●●●●●●●●●●●●●●●● 104

4.5　基于X-CT技术的三维建模孔结构研究 ●●●●●●●●● 108

　　　4.5.1　数据处理方法 ●●●●●●●●●●●●●●●●●●●●●●●●●●● 108

　　　4.5.2　结果与讨论 ●●●●●●●●●●●●●●●●●●●●●●●●●●●●●●●● 109

4.6 不同测试技术下沙漠砂对孔结构的影响分析 ·················· 114

4.7 本章小结 ··· 115

参考文献 ··· 116

第5章 水泥基材料中细骨料组成与空隙体系间的关系研究 ·········· 118

5.1 材料的制备 ··· 120

    5.1.1 原材料 ······································· 120

    5.1.2 制备方法 ····································· 120

5.2 细骨料粒径与比表面积(SSA)间的关系研究 ················· 121

    5.2.1 计算方法 ····································· 121

    5.2.2 结果与讨论 ··································· 122

5.3 基于 X-CT 技术的切片数据分割处理 ···················· 122

    5.3.1 数据获取 ····································· 122

    5.3.2 结果与讨论 ··································· 123

5.4 混合细骨料特征研究 ·································· 125

    5.4.1 试验方法 ····································· 125

    5.4.2 结果与讨论 ··································· 126

5.5 最优空隙结构模型的获取 ······························ 128

    5.5.1 试验方法 ····································· 128

    5.5.2 结果与讨论 ··································· 129

5.6 孔隙结构分布特征研究 ································· 142

    5.6.1 数据处理方法 ································· 142

    5.6.2 结果与讨论 ··································· 143

5.7 沙漠砂对水泥基材料空隙体系的影响机理分析 ·············· 149

5.8 本章小结 ··· 149

参考文献 ··· 150

第6章 结合我国西北地区气候环境特征的沙漠砂应用研究 ·········· 155

6.1 材料的制备 ··· 156

    6.1.1 原材料 ······································· 156

    6.1.2 制备方法 ····································· 157

6.2 生态纤维分散效果研究 ·································· 158

    6.2.1 试验方法 ·································· 158

    6.2.2 结果与讨论 ·································· 159

6.3 抗开裂性能研究 ·································· 159

    6.3.1 试验方法 ·································· 159

    6.3.2 结果与讨论 ·································· 160

6.4 力学性能研究 ·································· 161

    6.4.1 试验方法 ·································· 161

    6.4.2 结果与讨论 ·································· 162

6.5 性能提升机理分析 ·································· 164

6.6 本章小结 ·································· 164

参考文献 ·································· 165

第7章 沙漠砂资源化利用的思考与展望 ·································· 166

7.1 关于沙漠砂资源化利用的思考 ·································· 167

7.2 展望 ·································· 170

第 1 章

绪论

1.1 沙漠砂资源化利用的背景和意义

1.1.1 背景

河砂资源短缺问题：工业革命的到来以及现代化进程的不断加快导致了砂子用量逐渐增长，砂子是世界上每个国家的发展所必需的材料，是建筑所需的主要材料。一个国家的发展，势必少不了进行大量的建设。虽然混凝土是由砂子与水泥共同合成的，但相较于水泥的用量，砂子显然要大得多。据统计，全世界每年对砂子的消耗量高达 300 亿～500 亿吨，用于制造、混凝土水泥与玻璃以及各种电子产品。2019 年，英国《自然》杂志表示，人类对砂子的开采速度已经远远超过了它的恢复速度。根据资料，全世界建筑领域每年大约需要用掉 400 亿～500 亿吨砂子，中国作为"基建龙头"，每年用掉的砂子能达到 200 亿吨，占了全世界用砂子总量的一半。几十年前我国是砂子的出口大国，最早的出口记录出现于 1978 年，此后我国生产的砂子大都售出至日本以及欧美等发达国家。在出口量达到巅峰的时候，我国每年砂子售出量高于 2 000 万吨。如今，我国需要从东南亚国家进口大量砂子，这是因为我国砂石的需求量与供应量不平衡。我国在 2018—2019 短短两年时间内，就进口了河砂 2 512.58 万吨。由于私自进行河砂开采工作会对生态环境造成巨大损害，我国近年来出台了相应政策严禁私自开采河砂并加大审批力度；随着河砂开采难度越来越大，人工成本及各种物资成本也越来越高，种种原因堆叠在一起,直接导致河砂开采的成本成倍提升;河砂资源开采速度远远超过自然恢复速度,因此河砂资源短缺问题越来越严重。

加强生态环境保护:改革开放以来,党中央、国务院高度重视生态环境保护与建设工作,采取了一系列战略措施,加大了生态环境保护与建设力度,有效保护了一些重点地区的区域内生态环境。但由于中国人均资源相对不足,生态环境脆弱、地区差异较大,我们仍未成功遏制生态环境不断恶化的趋势。中国干旱、半干旱地区、高寒地区、喀斯特地区、黄土高原地区等生态环境脆弱区占国土面积的60%以上,这些区域对人类的经济社会活动较为敏感,容易出现退化现象。生态环境压力大。中国单位GDP能耗、物耗,单位GDP的废水、废弃物排放都远远高于世界平均水平,但同时中国人均资源占有量低于世界平均水平的50%,在经济社会快速发展的情况下,中国生态环境面临着更大的压力,一些生态和环境问题将更加突出[1]。

我国西北地区水土流失问题:我国的水土流失问题严重,是全世界最为严重的国家之一,包括水土流失面广量大等问题。根据产生水土流失的"动力"分类,分布最广泛的水土流失可分为:水力侵蚀、风力侵蚀、重力侵蚀。水力侵蚀最为普遍,多发生在暴雨期间的山区、丘陵地区和所有斜坡。其特点是利用地下水作为土壤侵蚀的动力,例如黄土高原。重力侵蚀主要发生在山区、丘陵地区的沟谷和陡坡上,在陡坡和沟谷两侧的沟壁上,由于土壤和构成其表面的基质的重力作用,沟壁下部无法继续被积聚的水流保持在原来的位置,从而成片扩散或坍塌。风蚀主要分布在我国西北、华北和东北的沙漠、沙地和山地覆沙地区,其次是东南沿海的沙地,再次是河南、安徽、江苏三省的"黄泛区"(历史上自黄河决口分流带出的沉积物形成)。其特点是风吹沙粒离开原地,随风飘到其他地方,如河西走廊和黄土高原。根据第一次全国水利普查结果,中国水土流失面积为 2 949 100 km^2。严重的水土流失是我国生态环境恶化的集中反映,威胁着国家的生态安全、饮水安全、防洪安全和粮食安全,制约着山区和丘陵地区的发展,威胁着小康社会的发展[2-4]。

"一带一路"倡议:2015年10月19日,"一带一路"国家统计发展会议在陕西西安召开,"一带一路"沿线国家应继续加强政府统计交流与合作,努力为可持续发展提供准确可靠的统计数据。信息交流是经济相互依存、互利共赢的基础。"一带一路"倡议推动政府间统计合作和信息交流,为务实合作、互利共赢提供了基础和决策支持。"一带一路"倡议将为国内改革开放奠定新的基础,加快开发开放,加快国内开放型经济试验区建设,打造面向中亚、南亚、西亚国家的通道、商贸物流枢纽和重要的产业、人文文化交流基地,推动我国西部地区工程建设快速发展[5,6]。

"双碳"战略:"双碳"战略倡导绿色、环保、低碳的生活方式。加快降低碳排放步伐,有利于引导绿色技术创新,提高产业和经济的全球竞争力。中国持续推进产业结构和能源结构调整,大力发展可再生能源,在沙漠、戈壁、荒漠地区加快规划建设大型风电光伏基地项目,努力兼顾经济发展和绿色转型同步进行。高质量发展已成为我国现阶段各行业发展的必然路径,水泥和混凝土行业在高质量发展的道路上面临着新的挑战和新的发展机遇。第一,水泥混凝土低碳化。生产1 t硅酸盐水泥熟料产生约0.85 t二氧化碳,我国水泥生产的碳排放量占总碳排放量的13%以上,在"双碳"战略和"城镇化"战略的驱动下,我国水泥混凝土行业面临市场需求巨大和减碳任务艰巨的双重挑战。第二,水泥混凝土高性能化。我国地理特征和发展规划决定了基础设施向高原和沿海等严酷服役环境的延伸,严酷服役环境中基础设施的高可靠性对水泥混凝土提出了更高性能的要求;另一方面,基础设施结构向轻量化、装配式和低碳化方向发展,对主要结构材料——水泥混凝土也提出了更高性能的要求。第三,水泥混凝土数智化。随着人工智能的发展,数字化和智能化赋能水泥行业和建筑行业,在水泥生产技术、混凝土设计方法、混凝土施工技术和质量控制等方面显现出了巨大的优势,进一步推动了水泥混凝土学科与化学、土木工程、计算机、人工智能等学科的交叉融合。

沙漠砂资源化利用:近年来,社会正以惊人的速度发展,国家也越来越重视城镇化建设,在这样的社会大背景下,内陆地区兴建的高层以及超高层建筑的数量越来越大,建筑能耗占总能耗的比例也呈不断上升趋势。混凝土因其所具有的价格低廉、制备方法简单等优势,仍占据着人造材料的"霸主"之位。随着工程量急剧增加以及国家对砂石采集的相关管理规定更加严格,建筑用砂供需矛盾日益突出。我国西北地区有着70万 km² 沙漠地带,存在大量天然的沙漠砂资源,图1-1所示为黄河宁夏段两岸水土植被情况以及毛乌素沙漠地貌特征。假如可以通过减少建筑用砂的含量并使用沙漠砂部分或全部替代建筑用砂的方式制备出具有工程应用适用性的沙漠砂混凝土,在保护原始生态环境的同时,沙漠中沙漠化的环境压力也会因为沙漠砂的消耗而被减轻。

　　(a) 黄河宁夏段两岸水土情况　　　　　　　　　(b) 毛乌素沙漠

图 1-1　我国西北沙漠戈壁地区特征

1.1.2　意义

　　本书旨在践行国家"双碳"战略,服务"一带一路"倡议,探索荒漠化防治学突破点,推进绿色发展,以我国目前对建筑砂需求的增加导致河砂短缺的问题愈发严重,河砂过度开采对生态环境产生负面影响以及我国广阔充沛的沙漠资源为出发点,结合沙漠砂混凝土、超高性能混凝土及固废综合利用的研究发展现状,介绍了使用沙漠砂制备高性能纤维增强水泥基复合材料,具体包括沙漠砂高性能混凝土的研发、改性沙漠砂作为辅助胶凝材料的性能研究及筛后沙漠砂骨料对水泥基材料孔结构的影响研究。我国西北地区拥有丰富的沙漠砂与矿物资源,积极开发新型建筑材料,开采矿物资源产生的工业废渣、废灰能用在混凝土之中既节约了资源,又降低了能耗,具有良好的社会效益和经济效益。本书的主要内容凸显了河海大学工科背景和特色优势的学科基础,为加快降低碳排放步伐、引导绿色技术创新、提高产业和经济的全球竞争力做出贡献。

1.2　沙漠砂的分布与特征

1.2.1　沙漠的分布

　　地球上沙漠主要是指地面完全被沙所覆盖、植物非常稀少、雨水稀少、空气干燥的荒芜地区。沙漠也被称之为"沙幕",是干旱缺水、植物稀少的地区。

沙漠地区大多是沙滩或沙丘,经常有沙下岩石出现。有些沙漠则是盐滩,完全没有草木。沙漠一般是风成地貌,沙漠里偶尔会分布矿床,近代随着人类地质探索发现了很多石油储藏[7]。

世界上的沙漠主要集中在 13 个地区。由于地形因素,沙漠主要分布在北半球北纬 35°至 50°之间,其中以亚洲中部和美国西部最为集中。气候引起的沙漠主要分布在北纬 15°到 35°之间。南半球沙漠从大西洋沿岸的卡拉哈迪沙漠和纳米布沙漠开始,横跨印度洋、澳大利亚沙漠,经太平洋到达南美洲的阿塔卡马沙漠;北半球沙漠从大西洋沿岸的撒哈拉沙漠开始,横跨苏伊士运河、红海、阿拉伯沙漠、伊朗、阿富汗和印度焦油沙漠,横跨太平洋,到达北美洲西南部。

全世界陆地面积占地球总面积的 29.2%,为 1.62 亿 km^2,在陆地总面积中,沙漠面积又占了 20%,更为严峻的是,沙漠化正在威胁着更多的土地。中国沙漠总面积约 70 万 km^2,连同 50 多万平方千米的戈壁在内总面积为 128 万 km^2,占全国陆地总面积的 13%。中国沙漠最为集中的地区是中国西北干旱区,其占地面积为全国沙漠总面积的 0.8%。我国的沙漠自东向西主要有库布齐沙漠、腾格里沙漠、巴丹吉林沙漠、柴达木沙漠、库姆塔格沙漠、古尔班通古特沙漠、塔克拉玛干沙漠等八大沙漠[8]。

我国各省区荒漠化和沙化面积(km²)

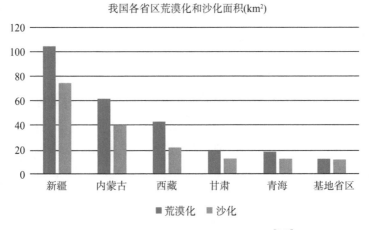

图 1-2　中国各省荒漠化和沙化面积图[9-11]

沙漠气候干燥罕见,年降雨量不足 250 mm,有些地方甚至不足 10 mm (如中国新疆的塔克拉玛干沙漠)。即使偶尔有突如其来的降雨,沙漠地区巨大的蒸发量也会导致当地水源匮乏。同时，沙漠地区具有很低的湿度，相对湿度低至 5%。世界上的沙漠是根据年降雨日数、降水总量、温度和湿度划分的。1953 年，佩维尔-梅格斯将地球上的干旱地区分为三类：极度干旱地区是指没有植被的地区（年降水量少于 100 mm、全年无降水和无降水周期），占世界陆地面积的 4.2%；干旱地区是指有季节性草地但没有树木的地区（干旱地区是指有季节性草地的地区；蒸发量大于降水量，年降水量小于 250 mm），占世界陆地面积的 14.6%；半干旱地区是指降水量为 250～500 mm 但可以生长草和低矮树木的地区。极度干旱和干旱的地区称为沙漠，半干旱地区称为草原。干燥的沙漠土壤富含矿物质，有机肥的少量和反复积累会使土壤变成盐层。

中国有 130 万 km² 的土地是沙漠，其中大部分位于西北部。如何利用和治理沙漠，是西部大开发的重要课题之一。以色列、美国等许多国家在开发利用沙漠风能、光能和热能方面取得了进展。在我国沙漠地区，全年 70% 以上的天数为晴天，多数地方年日照时间长达 3 000 h 以上，平均每天 8 h 以上，沙漠地区平均每平方米每年产生的太阳能高达 10.62 万 kW，以利用 1 m² 太阳能为例，每年产生的热能相当于 38 232 t 常规燃煤的能量，累计开发可达 1 km²。如果累计开发 1 km²，就相当于 38 232 万 t 标准煤燃烧产生的热能，这与目前国家发布的水电资源鉴定达 156 个能源储量相当。中国已在甘肃敦煌和青海盆地重点地区建立了防治荒漠化的"太阳能"示范工程，每个工程的规模为 500 户，以解决因缺乏民用燃料而滥砍滥伐造成地下植被破坏的问题[12]。

温带地区大陆的内部地区和回归线经过的大陆西部是世界上沙漠地区主要的分布地域。世界上最连续的一大片沙漠荒漠区在亚非大陆，自北非到西亚再到中亚一直延续到东亚的内陆地区。再就是散布于澳洲大陆中西部广大地区、北美洲的西南部和南美洲的西侧。热带沙漠区是回归线经过地区的大陆西部及大陆内部典型的热带漠气候区，这也是世界沙漠的主要聚集地，主要是因为回归线经过的大陆常年受副热带高气压带控制，以下沉气流为主，再加上大陆的西侧是世界最著名的寒流，而寒流经过的地区由于气温降低而无法形成有效降水，两个因素结合造成干旱少雨。温带沙漠出现在温带地区，其形成是因为东海岸的季风气候和西海岸的海洋性气候没有到达内陆，无法影响内陆。世界上最具特色的温带大陆性气候出现在亚欧大陆内陆,因为深入内陆,远离海洋,海洋水柱难以渗透,常年大陆气团控制年降水量,这里冬季寒冷,夏季炎热,昼夜温差大,年温差大。此外人类受自然生态链制约比其他生物弱很多,但人类的活动却比其他生物活动对地球生态的影响显著得多,人类的生产生活对生态脆弱地区的破坏非常明显,这也是地球沙漠、荒漠形成的重要因素[13]。

1.2.2 沙漠砂的特征

我国不同地区的沙漠砂存在着不同的化学成分和物理性质,沙漠砂的颗粒形态与河砂有明显不同,用扫描电镜可观察到沙漠砂砂粒形态及表面纹理,如图1-3(a)~(d)所示。不同地区沙漠砂颗粒虽形态有所差异,但都有着无棱角,磨圆度较好的特征[14,15]。随着放大倍数的增加[图1-3(d)],沙漠砂表面碟形坑、麻坑等特征变得明显[16]。从沙漠砂颗粒的微观形态可知,沙漠砂整体上呈圆形或近圆形,颗粒表面光滑,磨圆度较好,沙漠砂表面不规则形状特征使其具备更强的吸水性。

(a) 巴丹吉林沙漠　　　　　　　　　　(b) 巴丹吉林沙漠

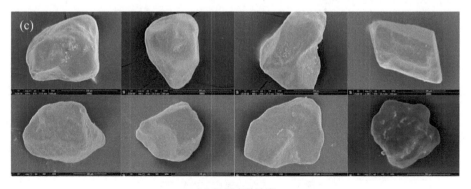

(c) 巴丹吉林沙漠

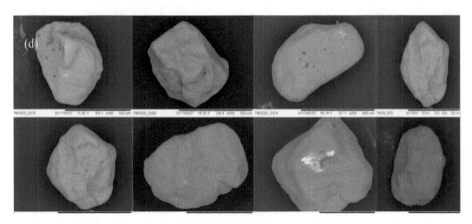

(d) 巴丹吉林沙漠

图 1-3 不同地区沙漠砂颗粒的 SEM 照片[14-16]

　　砂石细度及颗粒级配对混凝土的工作性能、强度有明显的影响,合理的骨料级配可以使混凝土更加密实并减少单位体积混凝土混合物的用水量和水泥用量,也可使骨料的骨架和稳定作用达到良好状态[17,18]。因此,研究沙漠砂颗粒级配特征对研究沙漠砂混凝土强度机理具有一定的理论指导作用,不同地区沙漠砂颗粒级配分布统计如图 1-4 所示[19-28]。统计数据表明,沙漠砂颗粒级配呈现间断的特征,颗粒分布不均且基本小于 1 mm,沙漠砂"颗粒级配-累计筛余量"曲线呈斜"S"状分布,粒径集中分布在 0.1~1 mm,处于特细砂范围。不同地区的沙漠砂粒径存在一定差异,国外沙漠砂粒径多集中于

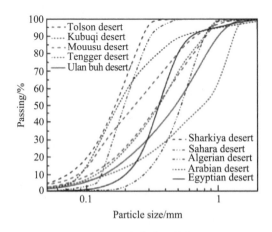

图 1-4 不同沙漠砂颗粒级配图

0.1～0.6 mm,而国内沙漠砂粒径则集中于 0.1～1 mm。沙漠砂的这种级配特征使其作为细骨料使用时会增加水泥用量,并导致沙漠砂混凝土流动性差、强度低等。

混凝土细骨料对泥、云母、有机物、轻质物、硫化物和碱的含量有严格的要求[27-33]。有害物质会影响混凝土的水化反应,削弱其与骨料的粘合力,导致混凝土因碱骨料反应而膨胀开裂。不同地区沙漠砂化学成分具有以下特征:(1)沙漠砂的化学成分与河砂基本相同,化学成分 SiO_2 含量最高,质量分数基本在 65%～80%;(2)沙漠砂中含有少量的 K_2O、Na_2O 等碱金属氧化物,导致沙漠砂含碱量相对高,这种特征有助于促进水泥的水化反应;(3)沙漠砂中 Si、Al、Ca 等活性元素活性含量占总体质量的 80% 以上,SiO_2、Al_2O_3、CaO 含量越多,潜在水化活性越强,这些氧化物会在弱碱环境中发生水泥水解形成二次水解反应,形成负离子基团,进而提升混合料中的胶体性能,使其工作性得到改善。

沙漠砂与普通砂的区别在于沙漠砂不仅是细骨料填料,而且是具有异相成核作用和火山灰效应的活性组分,能参与水化反应[32,34]。Luo 等人[34]发现粒径小于 175 μm 的沙漠砂具有异质成核(为水合物提供成核点)和火山灰效应,促进了水化反应,提高了材料强度。Chuah 等人[35]发现沙漠砂会溶解 Si^{4+} 并参与水化反应,提高基体的抗压强度。因而,沙漠砂具备的特殊反应活性导致其制备的混凝土具有一定的先天优势。

1.3　沙漠砂混凝土的发展概况

1.3.1　研究进展

近年来,沙漠砂作为一种细骨料制备混凝土已被国内外开展了大量研究。研究表明使用沙漠砂制备混凝土是一种切实可行的方法,其工作性、强度和耐久性均可满足一般工程的要求,其中部分沙漠砂混凝土的性能甚至优于普通混凝土[21,26,36-39]。目前,学界主要对沙漠砂混凝土的工作性、力学性能与耐久性等方面展开研究。

(1)工作性

为了评价沙漠砂混凝土技术性质优劣,沙漠砂混凝土拌合物的工作性是必须要研究的重要指标之一。Jin 等人[39]和 Luo 等人[40]制备的沙漠砂混凝土可加工性能满足一般的工程要求,董伟等人[41]研究表明,沙漠砂砂浆存在最佳沙漠砂替代率,其可以促进流动度的提高,当沙漠砂的置换率在 10%～30%(质量分数,下同)时,砂浆的流动性都得到提高,流动性在置换率为 20%时达到最大值,比基础组高出 13%。包建强等人[42]发现当沙漠砂替代率分别为 10%、30%和 50%时,沙漠砂混凝土的黏聚性和保水性良好,没有出现分层和泌水的现象,且坍落度均大于纯河砂混凝土(纯河砂混凝土最大坍落度为 88 mm),可以满足施工要求。此外,董伟等人[43]发现,沙漠砂吸水性大,会使试件相应地吸水增多,在用水量不变的情况下,相当于降低了水灰比,在一定程度上影响了混合料的胶结体系的性能,而且,随着水灰比的降低,试件的流动性下降,出现"干硬"现象,和易性变差[44]。因此,沙漠砂作为细骨料最关键的工作是确定沙漠砂的替代率,在适当的砂子替代率情况下,沙漠砂有助于提高混凝土及砂浆的工作性。这是因为沙漠砂粒径小、表面积大、黏聚力小,其在水泥与河砂之间能起到"滚珠"的作用,有助于减小内部摩擦力,提高砂浆工作性[43],并且沙漠砂颗粒整体微观形状为圆形,针片状颗粒很少,这种浑圆状小颗粒能有效降低骨料间的孔隙率,改善骨料的级配。但是,过量的沙漠砂能使集料的比表面积和孔隙率增加,就需要更多的浆液包裹集料,使浆液的润滑效果降低,集料间的摩擦增加、工作性下降[45]。

(2)力学性能

沙漠砂混凝土力学性能的高低是其能否满足工程质量要求的重要指标之一。李志强等人[46]在研究中发现,当使用沙漠砂替换 50%～80%的河砂时,沙漠砂混凝土立方体抗压强度、轴向抗压强度和劈裂抗拉强度均较高;杜勇刚等人[47]研究表明,当粉煤灰掺量为 10%时,抗压强度均达到最大值;鞠冠男等人[48]研究了使用古尔班通古特沙漠的沙漠砂制备的混凝土的轴向压缩性能,发现沙漠砂混凝土的棱柱的力学性能都低于普通混凝土,但其破坏过程、破坏形态、应力-应变曲线等性能都与普通混凝土十分相似。此外,Bosco 等人[49]从宏观和微观尺度上揭示了沙漠砂对混凝土力学性能的影响机理,不同粒径级配的沙漠砂对粗骨料有不同的"干涉"效果,从而对混凝土强度造成的影响有差别。只有粗骨料时,混凝土内部空隙较大,强度很低。仅掺入适量河砂后,粗骨料的孔隙体积减小,密实度提高,强度增强。当掺入适量的沙漠砂时:一方面改善了混凝土内部颗粒级配,增加了水泥石的密实度,实现了不同粒径的相互填隙,并减弱了细骨料对粗骨料的"干涉"作用;另一方面沙漠砂与河砂相比,表面浑圆,粒径差异较小,降低混凝土成型时浆液与骨料间的摩擦力,减少用于润滑的水分量,增加浆体的流动性,使浆液更易进入孔隙内部从而使水泥石结构密实度提高。但当沙漠砂掺量过多时,其将变成混凝土内主要集料,从而导致抗压强度下降,原因包括:(1)骨料级配不良甚至缺失,造成了更多孔隙;(2)过量沙漠砂会加剧"边界"效应,使混凝土内形成更多临近的水泥松散堆积体及局部高水灰比区域,增加了孔隙率,降低了界面过渡区(ITZ)结构密实度。

(3)耐久性

抗冻性:我国沙漠多集中于西北寒冷地区,混凝土的冻融破坏也一直是北方严寒地区基础工程面临的难题,研究沙漠砂混凝土的抗冻性对西北地区基础工程建设具有重要价值。部分学者[50-52]研究了沙漠砂置换率、粉煤灰掺量、水胶比、砂率对混凝土低温抗压强度的影响。如:Dong 等人[53]通过研究得出了可以使用超声脉冲速度反映轻质骨料混凝土内部结构的变化规律,并且沙漠砂的加入在一定程度上可以减弱混凝土的冻融损伤。杜勇刚等人[47]研究表明,在增加冻融循环次数的情况下,使用沙漠砂代替河砂作为细骨料的混凝土的质量和动弹模量损失率均增大,但沙漠砂组抗冻效果比普通组略好。Li 等人[52]利用核磁共振、X 射线衍射和扫描电子显微镜分析了冻融和干湿条件下风沙混凝土的劣化过程。孙雪等人[54]研究表明,当温度在$-10 \sim -40$℃的范围内时,温度是影响沙漠砂 C25 混凝土的抗压强度的一个重要因素,沙漠砂 C25 混凝土的低温抗压强度受粉煤灰的含量和龄期显著影响,但不受低温抗压强度显著影响。因此,掺入沙漠砂会在一定程度上影响混凝土的抗冻性。沙漠砂颗粒本身细小,能够通过在混凝土内部孔隙中进行填充,降低混凝土的孔隙率和渗透率,减弱了内部水分冻胀过程对混凝土的破坏。一般通过掺入沙漠砂和粉煤灰的方式提高其抗冻性,也可通过掺入适量的聚丙烯纤维、生态纤维、玄武岩纤维等提高其抗冻性[55,56]。

抗氯离子渗透性:氯离子渗透是造成混凝土中钢筋锈蚀的主要原因之一,提高其抗氯离子渗透性是改善混凝土耐久性的关键问题之一。杨浩等人[51]、李志强等人[57]通过对单掺粉煤灰、双掺粉煤灰和沙漠砂的试验,发现沙漠砂混凝土的抗氯离子渗透性能有所提高;马荷姣等人[50]研究表明,沙漠砂混凝土抗氯离子呈现先增强后减弱趋势,沙漠砂替代率60%时沙漠砂混凝土抗氯离子性能最好。Xue 等人[58]通过 3D 显微镜观察混凝土表面,进而了解损伤过程。通过 X 射线衍射和核磁共振等手段分析,发现沙漠砂混凝土抗氯离子渗透性较好。这是因为沙漠砂中高细黏土的良好保水性与微集料压实效果,可填充混凝土中的微孔,加强浆体与集料的界面结合程度,阻断氯离子和水的通道,可以提高混凝土的密实度以及混凝土的抗氯离子渗透性[59],此外,也可通过调整粉煤灰掺量、掺入低弹性模量纤维(如玄武岩纤维)等方式提高混凝土抗氯离子渗透性[60]。

耐高温性能:若需对建筑物、隧道在火灾(高温)后的结构承载力和安全性进行专项评估,就需要研究遭受火灾(高温)后沙漠混凝土的性能变化规律。相关学者[61,62]研究表明,随温度升高,沙漠砂混凝土的劈裂抗拉强度和抗压强度先升高后降低,当沙漠砂置换率为40%时,沙漠砂混凝土的劈裂抗拉强度和抗压强度达到最大值。另有学者[61,63]采用自然冷却和水冷却的方法研究了沙漠砂混凝土高温后的抗压强度,确定了沙漠砂混凝土的最佳混合比例:水胶比 0.39、粉煤灰 10%、砂率 0.4、沙漠砂替代率 10%。此外,部分学者[63,64]采用 X 射线衍射仪和扫描电镜对沙漠砂混凝土在高温作用下的强度劣化机理进行了探讨研究。目前,沙漠砂混凝土耐高温性能多关注水胶比、粉煤灰掺量、砂率和沙漠砂替代率等因素对其抗拉、抗折、劈裂抗压强度的影响,适当调整沙漠砂掺入量可提高其抗高温性能。此外,高温后沙漠砂微观特征及损伤机理研究尚浅,仍有待深入研究。

抗收缩性能及早期开裂性能:沙漠砂混凝土收缩性能及早期开裂性能也是其耐久性研究所关注的主要内容。叶建雄等人[65]研究发现沙漠砂混凝土抵抗早期开裂的能力低于天然砂配制的混凝土。刘海峰等人[66]试验结果表明:在普通中砂被沙漠砂取代的百分比不超过40%时,随着百分比增加,混凝土早期的抗裂性能减弱;当沙漠砂对普通中砂取代率大于40%时,混凝土早期的抗裂性能随着取代率的增加而提高。李根峰等人[67]研究表明,影响使用沙漠砂代替细骨料的混凝土早期自收缩变形的影响因子的权重:水胶比>砂率>粉煤灰。孙江云[68]发现矿渣和粉煤灰能很好地抑制混凝土的早期开裂程度,而硅灰则会加剧其早期开裂程度,并随着掺量的增加开裂程度变得更为明显。上述研究表明,沙漠砂掺量对混凝土的早期开裂性及抗收缩性影响较小,在满足混凝土早期开裂性及收缩性的前提下尽可能提高沙漠砂替代率;加入外加剂改善材料接触面,提高密实度,可达到提高其抗收缩性能;此外,掺入粉煤灰、矿渣等掺合料及纤维也能有效改善沙漠砂混凝土抗收缩性能及抗早期开裂性能[69,70]。

1.3.2　发展方向

沙漠砂混凝土是未来绿色建材的研究方向之一,本文通过整理与总结前人研究成果,进一步展望沙漠砂混凝土未来研究方向与思路,以期为其在实际工程中的应用发展提供借鉴。

(1)沙漠砂混凝土拌合物性能方面:①针对沙漠砂作为混凝土细骨料时沙漠砂的分选、表观性能处理及其混凝土改性等方面还有待开展系统研究,通过采用人工级配细骨料对沙漠砂进行科学处理,可提高沙漠砂在混凝土中的利用率并改善沙漠砂混凝土拌合物的基本性能;②加入其他活性外加剂,如硅粉、粉煤灰等,观察活性外加剂对沙漠砂混凝土拌合物性能的影响;③采用多颗粒物制备混凝土,即沙漠砂只充当颗粒增强水泥石角色,而不作为级配区细集料的填充作用。

(2)沙漠砂制备混凝土的主要指标之一是力学性能,学界在此方面虽取得了丰硕的研究成果,但仍有待加强:①沙漠砂混凝土的构成机理不同和接触面复杂等因素,使得其力学性能特征有别于普通混凝土,其损伤机理和结构组成有待进一步研究;②沙漠砂高强混凝土的研究是未来研究的方向之一,通过掺入外加剂,改良沙漠砂混凝土构造组成,可达到高强度要求;③对沙漠砂混凝土宏观特性的研究很多,但对微观特性和机理的研究还不够。因此,仍有必要研究沙漠砂混凝土界面区的黏结性能和损伤机理,分析沙漠砂混凝土强度差异的根本原因。

(3)沙漠砂制备混凝土的另一个重要指标是耐久性,沙漠砂混凝土的耐久性也仍需全面探索:①由于北方和西北地区会受到盐冻和冻融两大病害的影响,有必要对盐冻环境下的混凝土强度提出更高的要求;②沙漠砂混凝土的耐久性,如抗渗水性、耐腐蚀性等,应进一步研究;③利用外加剂提高沙漠砂混凝土耐久性需从单方面向多方面耦合,进行综合化研究。

1.4　再生微粉/骨料混凝土与超高性能混凝土的发展概况

1.4.1　研究进展

再生微粉/骨料混凝土的研究现状

建筑材料行业的发展重度依赖于自然资源,同时也排放大量二氧化碳。据统计,在 2012—2019 年之间,全球每年生产约 40 亿 t 的水泥以及 1×10^{10} m^3 的混凝土[71,72],需要消耗约 54 亿 t 石灰石、16 亿 t 黏土以及 175 亿 t 砂石骨料[71],并释放出近 57 亿 t 的 CO_2[73,74]。废弃混凝土是混凝土达到使用寿命且拆除之后产生的主要固体废弃物,占建筑固体废弃物总量的 60%~70%[75]。据估算,我国每年产生约 6 亿 t 废弃混凝土[76,77]。在水泥混凝土行业内部消化这些废弃混凝土不仅可以有效地缓解砂石骨料和水泥熟料生产的资源及市场压力,是建筑业绿色发展的必然趋势;同时,废弃混凝土本身也可以作为减少碳排放的载体吸附以及固定 CO_2,推动实现碳中和目标。

再生粗骨料的碳化资源化指的是使用加速碳化技术对再生粗骨料的薄弱部分进行加强,该过程主要利用骨料中残余水泥浆体具备高 CO_2 活性的特点,促进水化产物和未水化水泥与 CO_2 反应并生成碳酸钙和无定形凝胶等碳化产物。碳化再生粗骨料的应用场景主要还是在再生骨料混凝土。试验结果表明,由于碳化再生粗骨料吸水率的下降,新拌混凝土的流动度有所提升,坍落度经时损失下降[78]。此外,使用碳化后的再生粗骨料也有效补偿了再生混凝土的强度损失,当天然粗骨料被碳化再生粗骨料完全替代时,再生混凝土的强度损失一般可以控制在 10% 左右[79,80]。同时,碳化再生骨料混凝土的应力-应变曲线表明其峰值应力增加而峰值应变减少,表明弹性模量明显增加且数值与普通混凝土更接近[78]。使用碳化再生粗骨料对混凝土耐久性的提升效果比物理及力学性能更明显,相较于使用未碳化的再生粗骨料的混凝土,其电导率能够降低 15%,干燥收缩率降低 25%,对水以及其他外部离子的抗渗透能力提高 36%[79,81,82]。Xuan 等人[83]将碳化再生粗骨料应用于制备混凝土砌块,试验结果表明,碳化再生粗骨料可以用于替代天然粗骨料,结合砌块整体的碳化养护技术,骨料替代率在达到 75% 时仍能满足抗压强度(>45.0 MPa)、抗弯强度(>3.7 MPa)以及干燥收缩要求,大大地提高了骨料利用效率。Pan 等人[84]则将碳化再生粗骨料与碳化活性氧化镁水泥的使用相结合,所得混凝土的微观结构更致密、孔隙率比对照组降低近一半,在水灰比 0.55 的前提下抗压强度可以达到 47.0 MPa,此外还吸收了总共 15% 的 CO_2,具有较高的环境效益。

与再生粗骨料相比,再生细骨料具有更小的粒径和更高的残余水泥浆体量,因此具有更高的 CO_2 活性和固碳能力,能够在相同碳化条件下产生更多碳酸钙用于填充孔隙和微裂缝[85,86]。同时,再生细骨料在碳化后会产生更多的硅胶,可以更充分地和氢氧化钙反应,密实界面过渡区[87];此外,在碳化过程中使用外加剂可以改变骨料表面的形貌,增强其与新浆体的黏结性能[88]。碳化后的再生细骨料,其吸水率仍然偏高,在使用过程中一般需要将再生细骨料预湿到饱和面干状态或者额外添加一部分水[89]。实际操作过程中,可以选择将骨料与附加水预先混合,改善因吸水率高导致新拌混凝土工作性能差的问题[90]。此外,骨料表面碳酸钙提供的成核位点会影响水泥浆体凝结硬化进程,水化热结果显示水泥水化速度会明显加快,水泥的凝结时间也会因此提前,导致运输过程的流动度损失增加[90]。Xiao 等人[89]使用碳化再生粗骨料和碳化再生细骨料并完全取代天然骨料,在不调整水泥用量的前提下,可以成功制备出与对照组强度相当且等级至少为 C40 的混凝土。Liang 等人[82]则测试了此类混凝土的耐久性能,结果显示相较于使用未碳化骨料的混凝土,其抗氯离子渗透能力提高了 68%,钢筋锈蚀的风险降低了 12%。在混凝土中使用碳化再生细骨料时,活性成分(包括碳酸钙和硅胶)都是以骨料的形式引入的,所以不会造成水泥熟料的稀释效应。相反,它们可以当作混凝土中额外的胶凝材料去针对性地改善骨料与新浆体的黏结性能,从而提高混凝土的性能。有学者[91-93]指出,为了更大程度地发挥碳酸钙的作用,可以在再生混凝土配合比中添加富铝的活性成分,例如偏高岭土或者粉煤灰,其中的铝相也可以和碳酸钙反应生成更多的单碳型水化铝酸钙;此外,也可以将碳化再生细骨料与硫铝酸盐水泥一同使用,促进在骨料周边生成额外的单碳型水化铝酸钙,以帮助提高混凝土的整体表现。

混凝土再生微粉曾被直接用作辅助胶凝材料替代水泥,但是这样的利用方式存在可替代掺量低且效果差等问题[94,95]。Zajac[96]和 Lu 等人[97]则提出利用加速碳化技术对再生微粉进行直接碳化活化。依据热力学模拟结果,完全碳化的再生微粉可以实现矿物成分的重构,即原有的水化产物,包括氢氧化钙、C—S—H、钙矾石、单碳型水化铝酸钙以及水滑石等,会在碳化之后形成碳酸钙、无定形硅胶、铝胶以及石膏[96,98]。理论上,这些碳化产物不仅可以提供晶核促进水化产物生长,也可以和水泥熟料中的铝酸三钙以及水化后产生的氢氧化钙反应,再次生成钙矾石、单碳型水化铝酸钙、C—S—H等产物。目前碳化后的混凝土再生微粉主要用作辅助胶凝材料替代水泥,针对其对水泥水化过程、新拌浆体工作性能、力学性能等方面的影响进行了回顾。1)对水泥水化的影响:使用等温量热仪对掺有碳化再生微粉的水泥浆体进行放热监测,会出现3个放热峰,第1个放热峰与熟料溶解有关,第2个是由于硅酸三钙的水化反应,第3个则是由于石膏的耗尽和铝相的再反应。不论是采用干法还是湿法碳化,碳化后的再生微粉都会加速熟料的溶解,同时由于碳酸钙的晶核作用强化和提前第2个放热峰。因为碳化所得碳酸钙的颗粒尺寸为亚微米级别且夹杂着亚稳态碳酸钙,所以表现出比石灰石粉更明显的晶核作用[99]。此外,使用碳化再生微粉也会促进石膏的消耗并加速铝相的再反应时间[100,101]。而无定形硅、铝胶则可以迅速消耗氢氧化钙,加速水泥熟料水化反应。这些凝胶的火山灰反应速率比常规矿物掺合料更快,在1 d之内就能剧烈反应,而在28 d时就几乎完全结束[101]。2)对新拌浆体工作性能的影响:使用碳化再生微粉会明显减低新拌浆体的流动性,Mehdizadeh等人曾指出30%的替换率会导致浆体的流动度下降50%[102]。浆体的流变性能测试结果也表明在相同剪切速率下其剪切应力最大会增加180%。浆体流动度下降主要与碳化再生微粉的高比表面积有关,文献结果表明,碳化再生微粉的比表面积为20~40 m²/g,接近甚至高于偏高岭土和硅灰的比表面积。3)对力学性能的影响:研究表明碳化再生微粉的合适掺量为10%~30%,所得混合浆体的孔隙率可能与纯水泥组相当甚至更低,其力学性能也会增强。掺入碳化再生微粉的浆体在水胶比是0.55、0.40、0.30的时候所得强度分别可达约43 MPa、50 MPa、61 MPa,比掺入同等数量未碳化再生微粉的强度高10%~40%[97,101,102]。

UHPC的研究现状

20世纪90年代初,一种新型水泥基材料——超高性能混凝土被提出以来,得到了国内外学者专家的广泛关注。Larrard和Sedran[103]在1994年的时候使用石英砂作为骨料,制备出的混凝土试件28 d抗压强度达到

164.9 MPa 的混凝土试样，第一次提出"超高性能混凝土（Ultra High Performance Concrete，UHPC）"的概念。1995 年法国的 Bouygues 公司（Richard 和 Cheyrezy[102]）在 Larrard 研究的基础上，与 Larfarge、Rhodia 合作发展了新型超高性能混凝土——活性粉末混凝土（Reactive Powder Concrete，RPC），后由 Larfarge 将该产品注册商标为 Ductal®。按照强度等级分类，RPC 可分为 RPC200 和 RPC800。UHPC 具有超高强、高韧性、高耐久性及微裂缝强自愈合能力等优良特性，是一种新型水泥基复合材料，它显著提高了混凝土结构的服役年限，同时大大降低服役期间维护修补产生的费用，大幅降低了整体成本。国内外比较认可的 UHPC 抗压强度通常需要高于 150 MPa 的标准，这个强度标准是普通混凝土的 3～16 倍。在掺入钢纤维后，UHPC 的延性和能量吸收性通常能超过高性能混凝土的 300 倍，可有效提高基础设施的抗震性能[104]。

（1）UHPC 的早期特征

Liu[105]研究发现当 W/B 为 0.20、灰岩粉含量为 158 kg/m³ 时，此时拌合的 UHPC 浆体具有良好的流动性，UHPC 的最大抗压强度达到 160 MPa，最大抗弯强度为 36.9 MPa；新拌 UHPC 浆体的黏度随石灰石粉掺量的增加而大大降低，当水泥掺量从 388 kg/m³ 降低到 150 kg/m³ 时，新拌 UHPC 浆体的黏度也从 60 000 MPa·s 降低到 18 000 MPa·s。王震宇[106]研究发现与使用标准砂相比，石英砂使新拌 UHPC 浆体流动性明显降低。同样，钢纤维也会造成新拌 UHPC 浆体流动性降低、黏度增加。骨料粒径、水胶比、活性掺合料的种类及掺量、钢纤维掺量以及龄期都是影响混凝土材料自收缩的重要原因，UHPC 特有的配合比设计，使自身的收缩问题得到大大的改善。钢纤维的使用，可以极大改善水泥基材料收缩的问题，由于 UHPC 致密的结构，外界水分很难渗入到混凝土中并与未反应的胶凝材料继续水化，所以在标准养护下混凝土不存在干燥收缩的问题。在混凝土配合比设计时采用低水胶比的同时使用微细钢纤维，可有效减小 UHPC 的收缩值[107]。适当提高粉煤灰这类矿物掺合料的掺量、并在养护时采用高温蒸养，可有效改善 UHPC 的收缩值，同时 UHPC 具备优于普通混凝土的后期稳定收缩值。普通混凝土中一般有超过 30% 的水泥未完全水化，与之相比 UHPC 胶凝材料用量高、水胶比低，势必有大量未水化颗粒存在。研究表明水胶比为 0.33 的高性能混凝土中约有 56% 的水泥未水化完全，水胶比为 0.2 的 UHPC 中有超过 70% 的水泥未水化,并不是水化程度越高混凝土性能就越优异,未水化的颗粒和水化产物之间形成了界面,未水化颗粒在基体中起到了骨架作用,反而有利于提高基体的性能。

(2) UHPC 的力学性能

在力学性能方面,与普通混凝土相比 UHPC 实现了水泥基材料强度跨越式的提升。由于在原材料组成中使用钢纤维,钢纤维自身的强度和弹性模量以及钢纤维与水泥等胶凝材料硬化后紧密的结合,使混凝土的抗压强度显著提高。同时钢纤维的存在极大地改善了混凝土材料的抗拉强度、抗剪、抗冲击能力,使混凝土材料自身拥有较高的变形能力、抗拉强度,1%～2%的钢纤维体积掺量就可以使混凝土迈入延性材料的行列。Graybeal[108]通过控制钢纤维体积掺量,测试不同龄期混凝土的抗压强度并总结分析,来研究 UHP-FRC 的弹性模量与轴心抗压强度之间的关系。通过拟合分析,得到弹性模量与轴心抗压强度的关系为:$E(Mpa) = 3\,840\sqrt{f_c}$。

Nguyen 等人[109]发现几何尺寸和几何形状对 UHPC 力学性能影响不明显。Smarzewski 等人[110]在研究纤维的种类、数量和用法对 UHPC 力学性能的影响时发现:钢纤维对混凝土的力学性能影响最大,钢纤维的最佳体积掺量为 1%;当钢纤维与聚丙烯纤维复合使用时,随着聚丙烯纤维用量的增加,UHPC 的劈裂抗拉强度呈不断降低的变化规律。UHPC 浇筑时的浇筑方式也会对 UHPC 抗折强度产生影响,垂直分块时 UHPC 的抗折强度为 22.8 MPa,低于水平分层得到 UHPC 的抗折强度 24.7 MPa[111]。Yazici 等人[112,113]对不同养护条件下的 UHPC 抗压、抗折强度研究时发现,标准养护下混凝土的强度最低,提高养护温度或增加养护环境的压力均能起到提高混凝土力学性能的目的。而普通的热水养护通常会降低 UHPC 稳定后的抗压、抗折强度。同时,UHPC 界面区显微硬度与水泥石本体硬度没有明显的差别,这表明超高强混凝土内部结构更趋于均匀。国内外学者研究得 UHPC 材料,其抗压强度主要分布在 80 MPa～250 MPa 之间,抗折强度主要分布在 10 MPa～50 MPa 之间。

超高性能混凝土不仅具有超高的抗压强度,还具备高韧性等力学特征。UHPC 中钢纤维的使用显著改善了微观裂缝的产生和发展问题,即 UHPC 在面临疲劳问题时,在应力-应变曲线上,峰值后仍有软化现象,该值的增加只提高了混凝土的延性,对结构延性的提高作用不大。超高性能混凝土中的钢纤维可以显著地限制宏观裂纹的发生和扩展,增强结构的塑性变形能力,提高混凝土材料的耐疲劳特性[114-116]。近些年来,公路运输重载、超载现象日趋严重,桥梁在重载作用下会产生较大的挠度变形,导致路面层产生较大的弯曲和拉应力,而在行车荷载的反复作用下,路面层中会产生弯曲和拉应力的交变,所以在钢桥面铺装层中很容易产生疲劳破坏和开裂。疲劳问题是钢板桥面服役过程中面临的最大问题,而超高性能混凝土具有优异的抗疲劳性能[117-122]。

研究发现 UHPC 的疲劳过程呈三阶段形式,分别为第一阶段裂缝形成、第二阶段裂纹稳定开展、第三阶段裂纹失稳开展[118]。与普通混凝土相比,UHPC 在疲劳变形和裂纹扩展的第一阶段即表现出远优于普通混凝土的耐疲劳特征。Ocel[114] 等人对浇筑 UHPC 的 I 型预应力梁研究发现,在进行的1 200 万次循环加载过程中,UHPC 预应力梁虽然在 64 万次循环时出现了第一次裂纹,但整个疲劳测试结束后 UHPC 的 I 型预应力梁仍然没有完全破坏,UHPC 材料表现出优异的耐疲劳性能。对使用聚乙烯醇纤维制备的 UH-PC 进行抗疲劳性能测试发现,随着应力参数的提高 UHPC 可以经受的疲劳循环次数不断降低。UHPC 的疲劳测试数据表现出很大的离散性,水泥基体中钢纤维的掺量和分布情况对 UHPC 的疲劳寿命产生极大的影响,同时UHPC 的疲劳破坏规律可以参考常规混凝土的[115-116]。UHPC 材料的疲劳寿命试验结果离散性比较明显,很难得到准确稳定的结果,因此需要采取合理科学的方法进行研究结果分析[121]。

（3）UHPC 的耐久性

除了具备优异的力学性能,UHPC 的各项耐久性同样突出。UHPC 的水胶比通常不大于 0.25,很低的水胶比使混凝土的干缩值非常低,因此当 UH-PC 水化进行到一定程度后,其致密的结构保证了其优异的耐久性特征。

国内近年来建筑行业的蓬勃发展推动了各种高强高性能混凝土的广泛使用,与普通混凝土相比高强高性能混凝土具有显著的优点,同时其不足与缺陷也比较明显。高温对高强混凝土的影响很大,如果发生火灾,密闭高温的环境下高强混凝土非常容易爆裂,对居民的生命安全造成严重的威胁,不利于建筑物的正常使用。目前有关超高性能混凝土高温火灾性能的研究尚不多。意大利的 Majorana 等人[123]开展 UHPC 高温损伤和爆裂的数值模拟研究,认为高温和蒸汽压引起的损伤将会影响 UHPC 的渗透性。Flicetti 等人[124]在以 600 ℃为目标温度时对 UHPC 进行缓慢恒定速率升温,从初始温度一直加热到目标温度的过程中混凝土没有出现异响、爆裂。国内学者也对活性粉末混凝土的高温爆裂等性能进行了研究。刘娟红等人[125]使用大掺量粉煤灰、硅灰等矿物掺合料制备的 RPC 并进行系统的高温抗爆性能测试,研究发现在此类混凝土中聚丙烯纤维能够显著改善活性粉末混凝土抗爆裂性能。朋改非[126]系统研究了 RPC 高温后静、动态力学特性及纤维的影响规律,并从细观的角度分析了钢纤维抗高温爆裂的机理。孙伟等人研究发现标准养护、高温养护和 210 ℃蒸压养护条件下 UHPC 均具有优异的耐水性能、抗碳化性能和耐腐蚀性能;施惠生等人研究了掺有矿物掺合料的新型 UHPC 抗氯离子渗透性能,数据显示电通量仅为 10 C～35 C;宋少民研究得出 UHPC 具有优异的抗碳化性能,碳化深度几乎为零[124-126]。

Peng 等人[127,128]在研究 UHPC 时将抗压强度为 187.0 MPa、190.3 MPa 的活性粉末混凝土放入 5%的 Na_2SO_4 溶液中干湿循环 150 次,发现测试结束后混凝土试件的质量损失几乎为零,同时抗压强度耐蚀系数均超过 98%。Smarzewski 等人[129]在研究不同钢纤维体积分数对 UHPC 的影响时发现在钢纤维体积分数为 0.75%和 1%时,将抗压强度为 94.6～154.9 MPa 的 UHPC 放入 14%的 Na_2SO_4 溶液中干湿循环 150 次后 UHPC 质量损失分别只有 0.05%、0.14%。

正是因为目前研究大多认为 UHPC 具有十分优异的耐久性特征,有关硫酸盐侵蚀对 UHPC 微结构方面的影响几乎空白。Magureanu 等人[130]对抗压强度为 123 MPa、142 MPa 的 UHPC 进行了 1 098 次冻融循环。试验结果显示:冻融循环略微提高了 UHPC 的抗压强度、静弹性模量和动弹性模量。Zhou[131]在开展了 1 200 次冻融循环后发现 UHPC 的质量损失只有 4%。

Abbas 等人[132]按照 ASTM C1202 进行了 UHPC 的抗氯盐侵蚀加速试验,研究使用 8 mm～16 mm 长度的钢纤维以 0～6%的体积掺量制备多组 UHPC 试件,在各组 UHPC 试件养护到 28 d 和 56 d 时分别在 3%、3.5% 和 10%的氯离子溶液中进行抗氯离子渗透性试验。无论混凝土原材料参数怎么改变或者氯离子溶液浓度如何,在测试过程的 6 小时内各组 UHPC 试件的电通量均少于 100 C,这表明 UHPC 具有优异的抗氯离子渗透性能。Wilhelm[133]在北冰洋深海 3 000 m 下测得 UHPC 服役一年后碳化 900 μm

左右。Spiesz[134]、Ganesh[135] 测得 UHPC 的电通量也仅控制在 80.1 C～138.9 C 的范围内,远低于高强混凝土或普通混凝土的电通量。

1.4.2　发展方向

再生微粉/骨料混凝土的发展趋势

以碳化再生骨料的工业化为背景,Zhang 等人[136]计算了包括我国在内的全球 14 个国家或地区的环境和经济净收益,其计算的系统边界包括废弃混凝土的收集、运输、破碎筛分等基本处理以及整个碳化过程。由图 11 及相关计算数据可知,美国、欧洲、加拿大、日本等国家或地区,已经能通过碳化再生骨料产业获得环境和经济的双向净收益。目前我国可以通过碳化每吨再生骨料获得大约 5 美元的收益,但是相关资源化途径的综合碳排放尚处于临界位置,每吸收 1 t 的 CO_2 仍会释放约 1.02 t 的 CO_2,每年合计约 9 000 t 净排放。通过敏感度分析可知,限制我国环境和经济效益的主要原因是:1) 再生骨料的运输距离较长;2) 单位用电量碳排放较高;3)碳化效率较低。Torrenti 等人[137]也曾基于法国的 FastCarb 工业化示范项目得出相似结论,即:将碳化再生骨料进行工业化是可行的,通过碳化再生细骨料已经可以获得环境和经济成本角度的净收益。但是碳化处理过程中的运输距离仍是影响其经济性的主导因素。综合以上研究结论可以发现,将再生骨料碳化的上下游产业链集中化并提升产业规模,可以使碳化再生骨料产业更具优势。从再生骨料固碳量动态发展的趋势分析发现,王佃超等人[86]曾以我国 2020—2060 年的预计再生骨料产量为基础,建立再生骨料的碳化减碳贡献模型。相关研究结果指出,碳化再生骨料的年度固碳量在现阶段(2020—2025 年之间)依然较低,但是会在 2025 年之后快速提升,并在 2049 年达到峰值 5.01 亿 t,表明了再生骨料固碳的巨大潜能。废弃混凝土的碳捕获能力会随粒径的下降而提升,依据部分试验结果,碳化再生微粉最高可以固定约占自身重量 25% 的 CO_2[133,138,139],显著高于碳化再生骨料[140,141]。将碳化再生微粉用作新型辅助胶凝材料替代水泥,或者结合碳化养护技术直接利用再生微粉,可以从源头上直接减少 CO_2 排放。因此,再生微粉的碳化资源化预计会产生比使用传统辅助胶凝材料和碳化再生骨料更高的效益。但是目前主要面临的问题是相关的环境及经济评估工作较少,有待进一步研究分析。

碳酸钙作为最主要的碳化产物存在方解石、文石、球霰石以及无定形等多重形态,它们有不同的物理形貌、晶粒尺寸和溶解度[142],会显著影响水泥基材料的微观结构和宏观性能。如前所述,纤维状的文石可以提升水泥浆体的抗拉能力和骨料的界面黏结能力,而具有高溶解度的无定形碳酸钙则可能显著提高水泥熟料水化早期的钙离子浓度,改变 C—S—H 的生长。由于碳酸钙的结晶过程受到原材料组成、相对湿度、CO_2 浓度/压力、pH 值和杂质离子等耦合因素的影响,通常碳化再生骨料和碳化再生微粉中有多种晶型碳酸钙共存,而目前的研究工作尚未对碳酸钙的组成与碳化条件之间建立系统和全面的联系。因此,在不同碳化条件下对废弃混凝土进行针对性的碳酸钙晶型及形貌调控是推动废弃混凝土高质量回收利用的关键内容。同时,以往研究曾对来自不同地域以及不同强度等级的再生骨料进行碳化处理,以探究不同来源再生骨料在碳化后的性能变化[143,144]。但由于它们的水化产物组成并未存在明显不同,所以碳化效果更多地受到物理层面,即微观结构的影响。而传统辅助胶凝材料的使用不仅会显著改变混凝土中水化产物的组成,例如减少氢氧化钙含量、降低 C—S—H 的钙硅比、提高 C—S—H 的铝硅比等,还会使其微观结构更加致密[145],对再生骨料在碳化后的增强效果以及再生微粉在碳化激活后的活性造成影响。目前鲜有文献在此方面开展研究,因此与掺有辅助胶凝材料废弃混凝土的碳化效果相关的科学问题,仍有待深入探索,以丰富废弃混凝土碳化资源化的理论体系。此外,为了避免杂质对材料表征的影响,较多的前期基础研究使用水泥净浆模拟再生微粉,忽略了可能混杂的石英粉、花岗岩粉等组分以及其他杂质离子对碳化过程、碳化后活性以及对新拌混凝土性能的影响,因此通过使用真实再生微粉在其碳化资源化效果方面建立更完善和深入的认知,可以为其产业化利用奠定基础。此外,废弃混凝土的工业化技术方面也存在较大发展空间,主要涉及工业碳化设备及其碳化效率问题。在文献中,干法碳化通常使用可控温控湿的碳化环境箱[146]、可加压的碳化釜以及流过式的碳化反应器[147],其中碳化环境箱耗能且维护成本较高[148],碳化釜的操作复杂、安全风险高。德国的海德堡水泥公司设计了湿法碳化和半干法碳化的工业设备,其类似于大型循环流化床,可以实现再生微粉的碳化工业化[148]。在现有废弃物产生和处理环节中设计、改造以及优化废弃混凝土的碳化资源化设施是实现工业化需要开展的主要工作。

UHPC 的发展趋势

（1）UHPC 用于结构维修加固

UHPC 用于维修加固，已经成为最具市场竞争力的桥梁维修加固技术体系，其技术经济优势也在世界范围获得验证、认可和应用。桥梁老化问题已逐渐成了一个世界性的问题，中国以及世界各国都有很多桥梁需要维修加固或更换，各个国家均重视并发展用于桥梁维修的 UHPC 加固技术[149]。在维修加固领域，未来创新发展的内容包括，适应不同场合、不同结构多样化的UHPC 成型施工方法，快速维修加固材料和施工技术等，美国对钢桥梁的UHPC 维修加固研究取得了比较丰富的科研成果[149]。中国也已经开展了UHPC 维修加固研究和应用，但主要局限在混凝土桥梁的维修加固，大量老化的码头、隧道、水利水电、建筑等混凝土结构，同样面临老化、存在结构缺陷以及不能满足现在对结构承载能力或抗震性要求等各种各样的问题[149]。UHPC 维修加固技术和方法具有显著的技术和经济优势，未来可用于更广泛的工程领域，具有很大的市场发展空间。

（2）UHPC 装配式建筑

中国正在大力推进建筑产业化、装配化，UHPC 除用于湿接缝结构连接方面具有技术和经济优势外，使用 UHPC 生产部分构件如阳台、轻质"三明治"保温墙板、楼梯等，设计应用合理，也可以从减小构件重量、减小建筑整体自重、降低运输吊装安装施工成本等方面获得经济性，并提升装配式建筑质量。这类构件与装配式钢结构建筑结合应用，可形成相互补充的装配建筑体系。在这方面，丹麦取得了非常好的应用效果，我们也应该在装配式建筑领域发展相应设计、预制生产、结构连接、安装以及相应标准规范等构成的技术体系。

1.5　水泥基材料孔结构模型分析技术的发展概况

1.5.1　研究进展

水泥基材料，包括水泥浆、砂浆和混凝土，是一种多孔材料，其机械和运输性能在很大程度上取决于其孔隙结构[150-152]。混凝土研究中最重要的挑战之一是准确表征孔隙结构，从而了解其与宏观性能的关系。水泥浆、砂浆和混凝土中的孔隙具有不同的尺寸、形状和来源，可细分为微孔、中孔和大孔，定义这些类别的截止尺寸因研究人员而异[153]。另一种被广泛采用的一般分类是根据凝胶孔、毛细管孔、空心壳孔和气孔来区分孔[154-156]。

气孔作为一类孔隙结构，显著影响混凝土和砂浆的抗冻性[149,157,158]。根据其形成机制，气孔可分为截留气孔和夹带气孔[159]。截留的空隙通常占混凝土体积分数的 1%～2%，可能是由于未完全压实造成的。为了提高反复暴露在冻融循环和盐结垢中的混凝土的耐久性，在搅拌过程中添加引气掺合料（AEA），以产生一个小的、孤立的、分散良好的、主要是球形充气气泡的系统[160,161]。空隙系统的形成取决于许多因素，包括含水量、水泥与骨料的质量比、混合和浇筑技术以及 AEA 类型或数量[162]。然而，在以前的研究中，骨料的粒径分布和混合比例所引起的任何影响通常被忽视。细骨料和粗骨料的存在对确定新鲜状态下的混合物流动性起着重要作用，导致不同量的截留空气，从而导致硬化砂浆或混凝土中存在不同的空隙系统[163]。尽管在光学显微镜或扫描电子显微镜拍摄的数字图像中，大多数气孔看起来是球形的[156,164]，但缺乏对气孔三维形状特征的定量分析。

空隙系统的分析包括定量确定:总空隙体积分数、空隙的比表面积、空隙尺寸分布和空隙间距因子。空隙间距因子是根据空隙之间的距离分布以各种方式得出的统计长度[165-167]。建议的总空隙体积分数范围为 1.5% 至 7.5%，并随着最大骨料尺寸和预期暴露条件的严重程度而变化，所有混凝土的公差为±1.5%[167]。比表面积是一个参数，定义为空隙系统的总表面积除以其总体积，并且总是根据假设为球形空隙的空隙尺寸分布来计算。已经确定，混凝土中空隙的比表面积必须在 23.6 mm^{-1} 和 43.3 mm^{-1} 之间，才能具有良好的冻融耐久性[168]。空气含量可以使用专用空气计通过体积法、质量测量法或重力法轻松获得[168]。

然而，更具挑战性的是获得空隙系统的比表面积和尺寸分布，而不仅仅是其总体积[169]。根据气孔之间长度的统计分布得出的气孔间距因子对冻融性能也至关重要。本文中主要研究了气泡体积分数和气泡尺寸分布。先进的测试技术和数字图像处理方法可用于定量确定这些不同的空隙系统参数[170]。光学显微镜(OM)或扫描电子显微镜(SEM)用于对硬化混凝土抛光二维(2D)横截面的微观结构进行成像和检查[156,171,172]。空隙尺寸分布是通过使用体视学原理对数字图像进行定量分析并假设空隙是球形的来获得的。然而,样品制备程序,如切割、抛光和干燥,可能会造成一些损伤,从而导致观察到的微观结构与实际混凝土微观结构之间的差异[160]。对于多分散的空隙系统,通过 2D 抛光表面的体视学检查来确定三维(3D)特征也可能导致一些误差[173,174]。在 2D 图像上看起来大小相似的两个圆可能属于直径非常不同的球体[175]。为了获得气孔的内部 3D 空间分布,可以使用 X 射线计算机断层扫描(X-CT),这是一种无损检测技术,能够通过产生大量连续的横截面切片来提供样品的内部 3D 微观结构[176]。X-CT 先前已用于几项关于空隙系统的研究,以确定空隙的总含量和空间尺寸分布[160,177-179]。

随着计算机技术的高速发展,CT 技术(Computed Tomography)逐渐被应用于混凝土材料的研究中,从而建立了混凝土真实细观结构与宏观性能间的联系[169,175,177,180]。X-CT 是一种无损检测技术,它以 X 射线为能量源,并通过计算机重构得到被研究对象内部特征属性。在 X-CT 技术被广泛应用于混凝土材料研究的近十几年中,其对混凝土及相关性能的研究范围越来越全面,同时可以起到的作用也越来越重要。针对混凝土中水泥的水化进程变化、混凝土中完整孔结构的系统分析、固体外加剂在混凝土中的分散情况、混凝土结构损伤分析以及各种侵蚀作用下混凝土特征变化等方面,X-CT 技术表现出独有的技术优势,其在混凝土领域的研究成果越来越被行业内所认可[173,180,181]。

1.5.2　发展方向

砂浆或混凝土中的绝大多数空隙分析完全忽略了骨料的影响。本文的假设是,砂子的平均尺寸确实会影响空隙系统。在这项研究中,通过实验研究了细骨料尺寸和混合比例对砂浆中空隙系统形成的影响,其中砂浆中使用的砂子与许多中国标准中使用的一样[180]。近似计算了各种砂浆中使用的各种尺寸范围的砂子的比表面积(SSA),并将其用作平均砂子尺寸的代表。X-CT 用于测量每种砂浆中的空隙系统。建立了全球空隙率与砂的 SSA 之间的关系。为了测量空隙尺寸分布,计算并比较了 2D 圆形直径分布和 3D 球体直径分布。球谐函数(SH)技术最初用于水泥或骨料颗粒表征,用于评估单个气孔的实际形状特征。进行了数学反演,从球体到圆形分布和圆形到球体分布,以更好地显示两组数据之间的数学联系。最后,对通过高分辨率和低分辨率 X-CT 扫描获得的选定样品(sample)的空隙尺寸分布进行了比较,以验证所应用测试技术的可靠性,并表明如何将大体积、低分辨率扫描数据与小体积、高分辨率扫描的数据进行严格比较。

1.6 存在问题与研究内容

1.6.1 目前存在的主要问题

针对沙漠砂混凝土的研究国内外已开展颇多,其主要思路是将沙漠砂作为河砂等建筑细骨料的替代品,进而改善河砂资源短缺的问题,但是已有方法无法解决沙漠砂掺量过高时对混凝土的负面影响并探明其影响机理。以我国目前对建筑用砂需求量的增加导致河砂短缺的问题愈发严重、河砂过度开采对生态环境产生严重负面影响以及我国广阔充沛的沙漠资源为出发点,结合沙漠砂混凝土、超高性能混凝土及固废综合利用的研究发展现状,积极开发新型建筑材料,将开采矿物资源产生的工业废渣、废灰用在混凝土之中,既节约了资源,又降低了能耗,具有良好的社会效益和经济效益。结合目前国内外的研究现状,虽然针对沙漠砂混凝土的研究成果颇丰,但是仍然存在以下主要问题:

(1)在一定范围内随着沙漠砂用量的提高,混凝土的力学性能仍能保持较高水平;随着沙漠砂替代河砂比例的逐渐增加,混凝土的力学性能急剧降低。无法实现沙漠砂完全替代河砂后混凝土强度仍然保持优异的力学性能。

(2)沙漠砂相比于天然细骨料粒径更小,并且沙漠砂表现出弱碱性,具有一定的活性,因此可以将处理后的沙漠砂部分替代水泥作为辅助胶凝材料。但是将沙漠砂直接作为掺合料直接部分替代水泥时,沙漠砂的填充作用导致水泥基材料的力学性能降低。如何对沙漠砂进行优化改性,以实现对水泥基材料显著的优化提升,是目前的瓶颈所在。

(3)混凝土是一个多相多孔体系,其内部的孔结构对混凝土的性能有重要的影响。目前常用的测孔方法有光学法、汞压力法(MIP)、等温吸附法和 X 射线小角度散射等。由于可测孔隙尺度的不同,每种方法提供的总孔隙度和孔径分布也不同,这就导致不同的测试方法之间结论偏差较大,无法得到准确的结论。

（4）孔结构会对于纤维增强砂浆的力学性能与耐久性产生直接的影响。根据不同孔对砂浆的危害程度，可将孔结构细分为无害孔、少害孔和多害孔。空隙系统对混凝土体系的力学性能等方面具有很大的影响，故在实际研究中对空隙系统的分析极为重要的。已有研究通过建立整体空隙含量与标准砂比表面积的关系，计算并比较二维圆直径分布和三维球直径分布，使用球面调和函数来评估单个空隙的实际形状特征，分析细骨料粒径和掺配比例对砂浆中空隙系统形成的影响，并取得了良好效果。但是对于实际工程用砂以及多种砂混合使用时对砂浆中空隙系统的影响尚未开展研究。

（5）我国西北地区存在着盐碱化、缺水等问题，盐碱水中的离子会加速钢筋的锈蚀，水中的盐还可以和混凝土本身的凝胶发生作用，降低混凝土的强度，故盐碱水一般不能用作拌合用水。而将水泥、淡水与河砂等运输到西北地区也需要大量的运输费用，如何就地取材、因地制宜地在西北地区制备出一种价格低廉、强度良好的混凝土，是当前亟待解决的问题之一。

1.6.2 研究内容

本书的研究内容主要包括以下几个方面：

（1）研制新型沙漠砂复合纤维增强水泥基材料，在沙漠砂复合纤维增强水泥基材料的配合比设计中，使用低水灰比以减少拌合水用量；使用工业废料粉煤灰、硅灰替代部分水泥，并对标准养护和蒸汽养护方式下水泥基材料的性能进行对比；使用沙漠砂完全代替河砂，制备具备较高抗压强度的沙漠砂复合纤维增强水泥基材料。

（2）对沙漠砂进行改性处理，处理后的材料作为辅助胶凝材料部分替代水泥，测试不同替代量时水泥基复合材料水化 3 d、7 d、28 d 的抗压抗折强度，并通过水化热、XRD、SEM 以及 MIP 技术研究改性处理沙漠砂作为辅助胶凝材料对水泥水化过程的影响。

（3）通过压泵法（MIP）和微米级 X 射线断层扫描（μX-CT）技术共同研究不同沙漠砂含量的纤维增强水泥基复合材料的孔结构，MIP 技术主要用于测量孔径在 1 nm～500 μm 的孔，μX-CT 技术主要用于测量孔径在 200 μm 以上的大孔。研究孔结构对沙漠砂复合纤维增强水泥基材料力学性能的影响，评估沙漠砂对纤维增强水泥基复合材料孔结构的影响。

（4）假设细骨料的组成确实会影响空隙系统（Air Void System），通过混合使用河砂与沙漠砂作为高强度纤维增强砂浆的细骨料，制备出不同细骨料组成的砂浆。测试不同组成的细骨料粒径分布并对其 SSA 进行近似计算，采用 X-CT 技术测量各不同细骨料组成的砂浆的空隙系统，建立空隙含量与砂子 SSA 的关系。计算并比较二维圆直径分布和三维球直径分布，最终研究细骨料组成与高强度纤维增强砂浆空隙系统的关系，并分析沙漠砂的使用对高强纤维增强砂浆空隙系统的影响。

（5）结合我国西北地区气候环境特征，介绍了一种使用改性沙漠砂、水泥、清水、盐碱水、粗颗粒沙漠砂、纤维、聚羧酸高性能减水剂研制纤维复合改性沙漠砂增强水泥砂浆的制备方法。研究纤维的最佳分散方式、纤维复合改性沙漠砂增强水泥砂浆的强度发展规律以及韧性，以评估纤维复合改性沙漠砂增强水泥砂浆的性能指标及其经济与社会效益。

1.6.3 研究路线

本书在超高性能混凝土的设计理念基础上，研究沙漠砂替代河砂研制高性能纤维增强水泥基复合材料的可能性及其作用机理，区别于传统的将沙漠砂直接作为骨料使用，本文基于沙漠砂"超细砂"的物理特征，将其改性处理分成沙漠砂活性粉末与沙漠砂粗骨料两部分，并分别作为功能组分进行新材料的研发与性能研究。孔结构是水泥基材料中最为复杂且重要的组成部分，本文借助多种表征手段研究沙漠砂复合纤维增强水泥基材料中的孔结构特征，并建立相关拟合线性关系。本文研发的高性能水泥基复合材料以及建立的拟合分析方法，为沙漠砂的资源化利用提出多种新思路。相关的技术路线也以此为基础。本文的研究技术路线如图 1-5 所示：

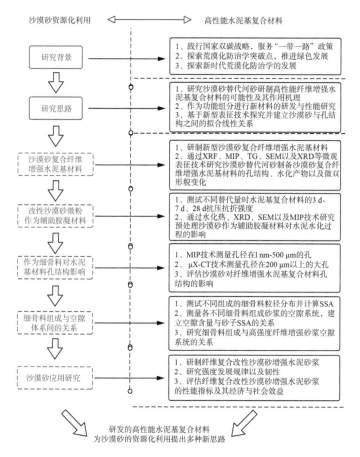

图 1-5 技术路线

参考文献

[1] 百度百科. 生态保护[EB/OL]. (2023-09-24)[2023-09-24]. https://baike. baidu. com/item/%E7%94%9F%E6%80%81%E4%BF%9D%E6%8A%A4/3026543? fr=ge_ala.

[2] 百度百科. 水土流失[EB/OL]. (2023-09-24)[2023-09-24]. https://baike. baidu. com/link? url=vXJ-oSICBjgiDjxVTqX2VDEb66sPfBftW02NGjfKUzMkN2JDDbiVn cqmYBHWLR4roX4bXvw-Xecimt83aMDm3ElWuEphDGITQbcute9hmIUERy-BkRe PHdyJvI1slH8j.

[3] 新华网.《全国水土保持规划(2015—2030 年)》解读 [EB/OL]. (2015-10-23)[2023-09-24]. http://news. xinhuanet. com/politics/2015-10/23/c_128349365. htm.

[4] 张金慧,王莹. 扎实推进水土流失综合防治 支撑全面建成小康社会和生态文明建设——访水利部水土保持司司长蒲朝勇[J]. 中国水利,2016(24):17-18+30.

[5] 百度百科. 一带一路[EB/OL]. (2023-09-24)[2023-09-24]. https://baike. baidu. com/item/%E4%B8%80%E5%B8%A6%E4%B8%80%E8%B7%AF/13132427? fr=aladdin.

[6] 经济日报. "一带一路"国家 统计发展会议召开[EB/OL]. (2015-10-20)[2023-09-24]. http://paper. ce. cn/jjrb/html/2015-10/20/content_279569. htm.

[7] 百度百科. 沙漠[EB/OL]. (2023-09-24)[2023-09-24]. https://baike. baidu. com/item/%E6%B2%99%E6%BC%A0/24070? fr=aladdin#reference-4-6971063-wrap.

[8] 国家林业和草原局. 我国八大沙漠、四大沙地概况[EB/OL]. (2014-06-11)[2023-09-24]. https://baike. baidu. com/reference/24070/11c0MJ7111y3-pIxaQ3s9q-ThSF-TxCF5c03oDLoqsEhUDstkgDc6Ljr1e8YNvKVjYEeYy91hZtWJqEp91B8F9t58VpTYpmbw8vx_X4EM8EKiYccQVdKXsLxcWNeVegu.

[9] 网易新闻. 人沙大战四十年[EB/OL]. (2020-06-18)[2023-09-24]. http://c. m. 163. com/news/a/FFD7I5D40532IBFM. html? referFrom=.

[10] 国家林草局. 中国荒漠化和沙化简况——第五次全国荒漠化和沙化监测[M]. 2015.

[11] 中国西部环境与生态科学数据中心. 中国沙漠10万分布图集[DB/OL]. (2023-09-24)[2023-09-24]. http://westdc. westgis. ac. cn.

[12] 人民网. 沙漠也能生财(开发建议)[EB/OL]. (2000-05-11)[2023-09-24]. http://baike. baidu. com/reference/24070/f49dj_jg9iMVShvatrUldeDdkd7mGvq7eBqjwkPg5MRCPa5v-7YCJ_H0YrpkMRil7t8u0HGRAPAfzhLvcO9RVmmuvmow5_7ZfPZxOO1e_Q.

[13] 百度. 世界的沙漠荒漠主要分布在哪儿?[EB/OL]. (2023-06-21)[2023-09-24]. https://baijiahao. baidu. com/s? id=1769281050338976690&wfr=spider&for=pc.

[14] Dong Z,Hu G,Qian G,et al. High-Altitude Aeolian Research on the Tibetan Plateau [J]. Reviews of Geophysics,2017,55(4):864-901.

[15] 杨军怀,夏敦胜,高福元,等. 雅鲁藏布江流域风成沉积研究进展[J]. 地球科学进展,2020,35(08):863-877.

[16] KRINSLEY D,DONAHUE J. Methods to study surface textures of sand grains,a discussion [J]. Sedimentology,1968,10(3):217-221.

[17] Zhao H,Sun W,Wu X,et al. The effect of coarse aggregate gradation on the pro-

perties of self-compacting concrete [J]. Materials & Design, 2012, 40: 109-116.

[18] Mostofinejad D, Reisi M. A new DEM-based method to predict packing density of coarse aggregates considering their grading and shapes [J]. Construction and Building Materials, 2012, 35: 414-420.

[19] Benabed B, Azzouz L, Kadri E-H, et al. Effect of fine aggregate replacement with desert dune sand on fresh properties and strength of self-compacting mortars [J]. Journal of Adhesion Science and Technology, 2014, 28(21): 2182-2195.

[20] 申艳军, 白志鹏, 郝建帅, 等. 尾矿制备混凝土研究进展与利用现状分析 [J]. 硅酸盐通报, 2021, 40(03): 845-857+876.

[21] Abu Seif E-S S, Sonbul A R, Hakami B A H, et al. Experimental study on the utilization of dune sands as a construction material in the area between Jeddah and Mecca, Western Saudi Arabia [J]. Bulletin of Engineering Geology and the Environment, 2016, 75(3): 1007-1022.

[22] Abu Seif E-S S, El-Khashab M H. Desertification Risk Assessment of Sand Dunes in Middle Egypt: A Geotechnical Environmental Study [J]. Arabian Journal for Science and Engineering, 2019, 44(1): 357-375.

[23] Abu Seif E-S S. Assessing the engineering properties of concrete made with fine dune sands: an experimental study [J]. Arabian Journal of Geosciences, 2013, 6(3): 857-863.

[24] Almadwi F S, Assaf G J. Effects of asphalt binders on pavement mixtures using an optimal balance of desert sand [J]. Construction and Building Materials, 2019, 220: 415-425.

[25] Li D, Tian K-l, Zhang H-l, et al. Experimental investigation of solidifying desert aeolian sand using microbially induced calcite precipitation [J]. Construction and Building Materials, 2018, 172: 251-262.

[26] Kaufmann J. Evaluation of the combination of desert sand and calcium sulfoaluminate cement for the production of concrete [J]. Construction and Building Materials, 2020, 243.

[27] Amel C L, Kadri E-H, Sebaibi Y, et al. Dune sand and pumice impact on mechanical and thermal lightweight concrete properties [J]. Construction and Building Materials, 2017, 133: 209-218.

[28] 黄伟敏. 沙漠砂锂渣聚丙烯纤维混凝土力学性能及耐久性试验研究 [D]. 新疆大学, 2017.

[29] 王彩波, 宋建夏, 周殿宇, 等. 毛乌素沙地特细砂混凝土的正交试验研究 [J]. 宁夏

工程技术，2010，9(04)：337-339.

[30] Li Z, Yang S, Luo Y. Experimental evaluation of the effort of dune sand replacement levels on flexural behaviour of reinforced beam [J]. Journal of Asian Architecture and Building Engineering，2020，19(5)：480-489.

[31] Yan W, Wu G, Dong Z. Optimization of the mix proportion for desert sand concrete based on a statistical model [J]. Construction and Building Materials，2019，226：469-482.

[32] Guettala S, Mezghiche B. Compressive strength and hydration with age of cement pastes containing dune sand powder [J]. Construction and Building Materials，2011，25(3)：1263-1269.

[33] 陈美美，宋建夏，赵文博，等. 掺粉煤灰、腾格里沙漠砂混凝土力学性能的研究 [J]. 宁夏工程技术，2011，10(01)：61-63.

[34] Luo F J, He L, Pan Z, et al. Effect of very fine particles on workability and strength of concrete made with dune sand [J]. Construction and Building Materials，2013，47.

[35] Chuah S, Duan W H, Pan Z, et al. The properties of fly ash based geopolymer mortars made with dune sand [J]. Materials & Design, 2016, 92：571-578.

[36] Jiang J, Feng T, Chu H, et al. Quasi-static and dynamic mechanical properties of eco-friendly ultra-high-performance concrete containing aeolian sand [J]. Cement & Concrete Composites，2019，97：369-378.

[37] Kog Y C. High-performance concrete made with dune sand [J]. Magazine of Concrete Research，2020，72(20)：1036-1046.

[38] 李帅雄，秦拥军，崔壮，等. 塔克拉玛干沙漠砂混凝土配合比研究 [J]. 新型建筑材料，2019，46(11)：42-45.

[39] Jin B, Song J, Liu H. Engineering characteristics of concrete made of desert sand from Maowusu sandy land[C]. Proceedings of the 2nd International Conference on Civil Engineering, Architecture and Building Materials (CEABM 2012)，2012.

[40] Luo F J, He L, Pan Z, et al. Effect of very fine particles on workability and strength of concrete made with dune sand [J]. Construction and Building Materials，2013，47：131-137.

[41] 董伟，苏英，林艳杰，等. 风积砂石粉及风积砂石粉水泥砂浆性能研究 [J]. 混凝土，2019，(07)：82-84+90.

[42] 包建强，邢永明，刘霖. 风积沙混凝土的基本力学性能试验研究 [J]. 混凝土与水泥制品，2015，(11)：8-11.

[43] 董伟，申向东. 不同风积沙掺量对水泥砂浆流动度和强度的研究 [J]. 硅酸盐通报，

2013，32(09)：1900-1904.

[44] 张运华，冷文辉，陈仕强，等. 水胶比对化学发泡法泡沫混凝土性能的影响 [J]. 混凝土，2015，(12)：30-33.

[45] 杨维武，陈云龙，刘海峰，等. 沙漠砂高强混凝土力学性能研究 [J]. 混凝土，2014，(11)：100-102.

[46] 李志强，王国庆，杨森，等. 沙漠砂混凝土力学性能及应力-应变本构关系试验研究 [J]. 应用力学学报，2019，36(05)：1131-1137+1261.

[47] 杜勇刚，孙帅. 粉煤灰对沙漠砂混凝土抗压强度及抗冻性能影响试验研究 [J]. 重庆科技学院学报(自然科学版)，2018，20(06)：71-74+93.

[48] 鞠冠男，李志强，王维，等. 古尔班通古特沙漠砂混凝土轴心受压性能试验研究 [J]. 混凝土，2019，(04)：33-36.

[49] Bosco E，Claessens R J M A，Suiker A S J. Multi-scale prediction of chemo-mechanical properties of concrete materials through asymptotic homogenization [J]. Cement and Concrete Research，2020，128.

[50] 马荷姣，刘海峰，孙帅，等. C40 沙漠砂混凝土抗氯离子渗透性能 [J]. 混凝土，2018，(12)：23-26.

[51] 杨浩，刘海峰，孙帅，等. 粉煤灰及沙漠砂对混凝土抗氯离子渗透性能影响 [J]. 混凝土，2019，(12)：95-98.

[52] Li G F，Shen X D. A Study of the Durability of Aeolian Sand Powder Concrete Under the Coupling Effects of Freeze-Thaw and Dry-Wet Conditions [J]. Jom，2019，71 (6)：1962-1974.

[53] Dong W，Shen X-d，Xue H-j，et al. Research on the freeze-thaw cyclic test and damage model of Aeolian sand lightweight aggregate concrete [J]. Construction and Building Materials，2016，123：792-799.

[54] 孙雪，马映昌. 低温对沙漠砂 C25 混凝土抗压强度影响 [J]. 中国建材科技，2020，29(01)：46-48.

[55] 董伟，林艳杰，肖阳，等. 玄武岩纤维增强风积沙混凝土的抗冲击性能 [J]. 中国科技论文，2019，14(04)：447-451.

[56] 杜勇刚，张明虎，马映昌. 沙漠砂混凝土抗冻性能试验研究 [J]. 内蒙古工业大学学报(自然科学版)，2018，37(06)：460-466.

[57] 李志强，杨森，唐艳娟，等. 高掺量沙漠砂混凝土力学性能试验研究 [J]. 混凝土，2018，(12)：53-56.

[58] Xue H，Shen X，Wang R，et al. Mechanism analysis of chloride-resistant erosion of aeolian sand concrete under wind-sand erosion and dry-wet circulation [J]. Transac-

tions of the Chinese Society of Agricultural Engineering，2017，33(18)：118-126.

[59] 郭威，刘娟红. 新疆沙漠细砂混凝土配合比及混凝土性能研究 [J]. 粉煤灰综合利用，2014，(04)：28-31.

[60] 徐俊辉，沙吾列提·拜年依，贺业邦. 短切玄武岩纤维与粉煤灰对沙漠砂混凝土抗氯离子性能优化 [J]. 混凝土，2020，(09)：73-76.

[61] 刘宁，刘海峰，杨浩，等. 高温对沙漠砂混凝土抗压强度的影响 [J]. 广西大学学报（自然科学版），2018，43(04)：1581-1587.

[62] Liu H，Chen X，Che J，et al. Mechanical Performances of Concrete Produced with Desert Sand After Elevated Temperature [J]. International Journal of Concrete Structures and Materials，2020，14(1)：26.

[63] 吕剑波，刘宁，刘海峰. 高温后沙漠砂混凝土抗压强度研究 [J]. 混凝土，2017，(07)：129-133.

[64] 刘宁. 沙漠砂混凝土高温后力学性能研究 [D]. 宁夏大学，2018.

[65] 叶建雄，廖佳庆，杨长辉. 细集料对高性能混凝土早期塑性收缩开裂的影响 [J]. 重庆大学学报，2009，32(02)：168-172.

[66] 刘海峰，付杰，马菊荣，等. 沙漠砂高强混凝土力学性能研究 [J]. 混凝土与水泥制品，2015，(02)：21-24+28.

[67] 李根峰，申向东，吴俊臣，等. 风积沙混凝土早期自收缩变形的影响因素研究及数值模拟 [J]. 硅酸盐通报，2018，37(03)：996-1002.

[68] 孙江云. 高强混凝土早期开裂规律的研究 [D]. 宁夏大学，2015.

[69] 冯娜，张丽芝，王佳龙. 碳纤维改善沙漠砂混凝土收缩裂缝试验研究 [J]. 混凝土与水泥制品，2017，(11)：54-57.

[70] 王婷. 沙漠砂生态纤维混凝土耐久性能研究 [D]. 宁夏大学，2014.

[71] Miller S A，Horvath A，Monteiro P J M. Readily implementable techniques can cut annual CO_2 emissions from the production of concrete by over 20％ [J]. Environmental Research Letters，2016，11(7)：4029.

[72] Habert G，Miller S A，John V M，et al. Environmental impacts and decarbonization strategies in the cement and concrete industries [J]. Nature Reviews Earth & Environment，2020，1(11)：559-573.

[73] Huang L，Krigsvoll G，Johansen F，et al. Carbon emission of global construction sector [J]. Renewable & Sustainable Energy Reviews，2018，81：1906-1916.

[74] Liao S，Wang D，Xia C，et al. China's provincial process CO_2 emissions from cement production during 1993-2019 [J]. Scientific Data，2022，9(1)：165.

[75] U. S. ENVIRONMENTAL PROTECTION AGENCY. Advancing sustainable mate-

rials management：2018 Facts Sheet [DB/OL]. (2023-04)[2023-09-24]. https://
www. epa. gov/facts-and-figures-about-materials-waste-and-recycling/advancing-sus-
tainable-materials-management.

[76] EUROPEAN COMMISSION. Report on the management of construction and demo-
lition waste in the EU [EB/OL]. (2023-09-24)[2023-09-24]. https://environ-
ment. ec. europa. eu/topics/waste-and-recycling/construction-and-demolition-waste
_en.

[77] 国家发展和改革委员会. 中国资源综合利用年度报告(2014) [R]. [2023-09-24].

[78] Luo S, Ye S, Xiao J, et al. Carbonated recycled coarse aggregate and uniaxial com-
pressive stress-strain relation of recycled aggregate concrete [J]. Construction and
Building Materials, 2018, 188：956-965.

[79] Russo N, Lollini F. Effect of carbonated recycled coarse aggregates on the mechanical
and durability properties of concrete [J]. Journal of Building Engineering, 2022, 51.

[80] Wang J, Zhang J, Cao D, et al. Comparison of recycled aggregate treatment methods
on the performance for recycled concrete [J]. Construction and Building Materials,
2020, 234.

[81] Xuan D, Zhan B, Poon C S. Durability of recycled aggregate concrete prepared with
carbonated recycled concrete aggregates [J]. Cement & Concrete Composites, 2017,
84：214-221.

[82] Liang C, Ma H, Pan Y, et al. Chloride permeability and the caused steel corrosion in
the concrete with carbonated recycled aggregate [J]. Construction and Building Mate-
rials, 2019, 218：506-518.

[83] Xuan D, Zhan B, Poon C S. Development of a new generation of eco-friendly concrete
blocks by accelerated mineral carbonation [J]. Journal of Cleaner Production, 2016,
133：1235-1241.

[84] Pan C, Song Y, Zhao Y, et al. Performance buildup of reactive magnesia cement
(RMC) formulation via using CO_2-strengthened recycled concrete aggregates
(RCA) [J]. Journal of Building Engineering, 2023, 65(15)：105779.

[85] Chen D, Chen M, Sun Y, et al. Sustainable use of recycled cement concrete with gra-
dation carbonation in artificial stone：Preparation and characterization [J]. Construc-
tion and Building Materials, 2023, 364(18)：129867.

[86] 王佃超，肖建庄，夏冰，等. 再生骨料碳化改性及其减碳贡献分析 [J]. 同济大学学
报(自然科学版)，2022, 50(11)：1610-1619.

[87] Liu S, Shen P, Xuan D, et al. A comparison of liquid-solid and gas-solid accelerated

carbonation for enhancement of recycled concrete aggregate [J]. Cement & Concrete Composites, 2021, 118:103988.

[88] Jiang Y, Li L, Lu J-x, et al. Enhancing the microstructure and surface texture of recycled concrete fine aggregate via magnesium-modified carbonation [J]. Cement and Concrete Research, 2022, 162:106967.

[89] Xiao J, Zhang H, Tang Y, et al. Fully utilizing carbonated recycled aggregates in concrete: Strength, drying shrinkage and carbon emissions analysis [J]. Journal of Cleaner Production, 2022, 377(1):134520.

[90] Yacoub A, Djerbi A, Fen-Chong T. Water absorption in recycled sand: New experimental methods to estimate the water saturation degree and kinetic filling during mortar mixing [J]. Construction and Building Materials, 2018, 158: 464-471.

[91] Zunino F, Scrivener K. The reaction between metakaolin and limestone and its effect in porosity refinement and mechanical properties [J]. Cement and Concrete Research, 2021, 140.

[92] Bizzozero J, Scrivener K L. Limestone reaction in calcium aluminate cement-calcium sulfate systems [J]. Cement and Concrete Research, 2015, 76: 159-169.

[93] Martin L H J, Winnefeld F, Mueller C J, et al. Contribution of limestone to the hydration of calcium sulfoaluminate cement [J]. Cement & Concrete Composites, 2015, 62: 204-211.

[94] Liu X, Liu L, Lyu K, et al. Enhanced early hydration and mechanical properties of cement-based materials with recycled concrete powder modified by nano-silica [J]. Journal of Building Engineering, 2022, 50(1):104175.

[95] Li S, Gao J, Li Q, et al. Investigation of using recycled powder from the preparation of recycled aggregate as a supplementary cementitious material [J]. Construction and Building Materials, 2021, 267(18):120976.

[96] Zajac M, Skibsted J, Skocek J, et al. Phase assemblage and microstructure of cement paste subjected to enforced, wet carbonation [J]. Cement and Concrete Research, 2020, 130.

[97] Lu B, Shi C, Zhang J, et al. Effects of carbonated hardened cement paste powder on hydration and microstructure of Portland cement [J]. Construction and Building Materials, 2018, 186: 699-708.

[98] Shi Z, Lothenbach B, Geiker M R, et al. Experimental studies and thermodynamic modeling of the carbonation of Portland cement, metakaolin and limestone mortars [J]. Cement and Concrete Research, 2016, 88: 60-72.

[99] 史才军，王德辉，贾煌飞，等. 石灰石粉在水泥基材料中的作用及对其耐久性的影响 [J]. 硅酸盐学报，2017，45(11)：1582-1593.

[100] Wu Y, Mehdizadeh H, Mo K H, et al. High-temperature CO_2 for accelerating the carbonation of recycled concrete fines [J]. Journal of Building Engineering, 2022, 52(15):104526.

[101] Zajac M, Skocek J, Durdzinski P, et al. Effect of carbonated cement paste on composite cement hydration and performance [J]. Cement and Concrete Research, 2020, 134:106090.

[102] Richard P, Cheyrezy M. Composition of reactive powder concretes [J]. Cement and Concrete Research, 1995, 25(7): 1501-1511.

[103] Larrard F d, Sedran T. Optimization of ultra-high-performance concrete by the use of a packing model [J]. Cement and Concrete Research, 1994, 24(6).

[104] Wang D, Shi C, Wu Z, et al. A review on ultra high performance concrete: Part II. Hydration, microstructure and properties [J]. Construction and Building Materials, 2015, 96: 368-377.

[105] Liu J, Song S, Sun Y, et al. Influence of Ultrafine Limestone Powder on the Performance of High Volume Mineral Admixture Reactive Powder Concrete [C]. The International Conference on Advances in Materials and Manufacturing Processes, 2011.

[106] 王震宇，李俊. 活性粉末混凝土材料性能与配制技术的试验研究 [J]. 混凝土，2008，(02)：90-93+98.

[107] 陈广智，孟世强，阎培渝. 养护条件和配合比对活性粉末混凝土变形率的影响 [J]. 工业建筑，2003，(09)：63-65+84.

[108] Graybeal B A. Compressive behavior of ultra-high-performance fiber-reinforced concrete [J]. Aci Materials Journal, 2007, 104(2): 146-152.

[109] Nguyen D L, Kim D J, Ryu G S, et al. Size effect on flexural behavior of ultra-high-performance hybrid fiber-reinforced concrete [J]. Composites Part B-Engineering, 2013, 45(1): 1104-1116.

[110] Smarzewski P, Barnat-Hunek D. Property Assessment of Hybrid Fiber-Reinforced Ultra-High-Performance Concrete [J]. International Journal of Civil Engineering, 2018, 16(6A): 593-606.

[111] 张哲，邵旭东，朱平，等. 基于超高性能混凝土弯曲拉伸特性的二次倒推分析法 [J]. 土木工程学报，2016，49(02)：77-86.

[112] Yazici H, Yardimci M Y, Aydin S, et al. Mechanical properties of reactive powder

concrete containing mineral admixtures under different curing regimes [J]. Construction and Building Materials, 2009, 23(3): 1223-1231.

[113] Yazici H, Deniz E, Baradan B. The effect of autoclave pressure, temperature and duration time on mechanical properties of reactive powder concrete [J]. Construction and Building Materials, 2013, 42: 53-63.

[114] Graybeal B A. Flexural Behavior of an Ultrahigh-Performance Concrete I-Girder [J]. Journal of Bridge Engineering, 2008, 13(6): 602-610.

[115] Shaheen E, Shrive N G. Cyclic loading and fracture mechanics of Ductal (R) concrete [J]. International Journal of Fracture, 2007, 148(3): 251-260.

[116] Farhat F A, Nicolaides D, Kanellopoulos A, et al. High performance fibre-reinforced cementitious composite (CARDIFRC) - Performance and application to retrofitting [J]. Engineering Fracture Mechanics, 2007, 74(1-2): 151-167.

[117] Lappa E S. High strength fibre reinforced concrete: Static and fatigue behaviour in bending [M]. 2007.

[118] 丁楠. 超高性能混凝土对轻型组合桥面结构疲劳寿命的影响研究 [D]. 湖南大学, 2014.

[119] 刘梦麟, 邵旭东, 张哲, 等. 正交异性钢板-超薄 RPC 组合桥面板结构的抗弯疲劳性能试验 [J]. 公路交通科技, 2012, 29(10): 46-53.

[120] 石成恩, 周瑞忠, 姚志雄. 活性粉末混凝土弯曲疲劳寿命研究 [J]. 福州大学学报(自然科学版), 2005, (04): 504-508.

[121] 余自若, 安明喆, 阎贵平. 活性粉末混凝土的疲劳性能试验研究 [J]. 中国铁道科学, 2008, (04): 35-40.

[122] Shao X, Yi D, Huang Z, et al. Basic Performance of the Composite Deck System Composed of Orthotropic Steel Deck and Ultrathin RPC Layer [J]. Journal of Bridge Engineering, 2013, 18(5): 417-428.

[123] Majorana C E, Pesavento F. Damage and spalling in HP and UHP concrete at high temperature [C]. The 6th International Conference on Damage and Fracture Mechanics, 2000.

[124] Felicetti R, Gambarova P G, Sora M N, et al. Mechanical behaviour of HPC and UHPC in direct tension at high temperature and after cooling [C]. The 5th RILEM Symposium on Fibre-Reinforced Concretes (FRC), 2000.

[125] 刘娟红, 宋少民. 大掺量矿物细粉掺和料活性粉末混凝土高温性能 [J]. 北京工业大学学报, 2012, 38(08): 1180-1184.

[126] 朋改非, 郝挺宇, 李保华, 等. 普通强度高性能混凝土的高温性能试验研究 [J]. 工

业建筑，2010，40(11)：27-31.

[127] Peng Y, Zhang J, Liu J, et al. Properties and microstructure of reactive powder concrete having a high content of phosphorous slag powder and silica fume [J]. Construction and Building Materials, 2015, 101：482-487.

[128] Peng Y, Chen K, Hu S. Durability and Microstructure of Ultra-High Performance Concrete Having High Volume of Steel Slag Powder and Ultra-Fine Fly Ash [C]. The International Conference on Civil Engineering and Building Materials (CEBM), Kunming, 2011.

[129] Smarzewski P, Barnat-Hunek D. Effect of Fiber Hybridization on Durability Related Properties of Ultra-High Performance Concrete [J]. International Journal of Concrete Structures and Materials, 2017, 11(2)：315-325.

[130] Magureanu C, Sosa I, Negrutiu C, et al. Mechanical Properties and Durability of Ultra-High-Performance Concrete [J]. Aci Materials Journal, 2012, 109 (2)：177-183.

[131] Zhou Z, Qiao P. Durability of ultra-high performance concrete in tension under cold weather conditions [J]. Cement & Concrete Composites, 2018, 94：94-106.

[132] Abbas S, Soliman A M, Nehdi M L. Exploring mechanical and durability properties of ultra-high performance concrete incorporating various steel fiber lengths and dosages [J]. Construction and Building Materials, 2015, 75：429-441.

[133] Wilhelm S, Curbach M. UHPC pressure housings for applications in the deep sea Experimental and numerical analysis [J]. Beton-Und Stahlbetonbau, 2018, 113(6)：414-422.

[134] Spiesz P, Brouwers H. Study on the chloride diffusion coefficient in concrete obtained in electrically accelerated tests [J]. Construction & Building Materials, 2015, 33(12)：169-178.

[135] Ganesh P, Murthy A R. Tensile behaviour and durability aspects of sustainable ultra-high performance concrete incorporated with GGBS as cementitious material [J]. Construction and Building Materials, 2019, 197：667-680.

[136] Zhang N, Zhang D, Zuo J, et al. Potential for CO_2 mitigation and economic benefits from accelerated carbonation of construction and demolition waste [J]. Renewable & Sustainable Energy Reviews, 2022, 169：112920.

[137] Torrenti J M, Amiri O, Barnes-Davin L, et al. The FastCarb project：Taking advantage of the accelerated carbonation of recycled concrete aggregates [J]. Case Studies in Construction Materials, 2022, 17：e01349.

[138] Mehdizadeh H, Mo K H, Ling T-C. CO_2-fixing and recovery of high-purity vaterite $CaCO_3$ from recycled concrete fines [J]. Resources Conservation and Recycling, 2023, 188:106695.

[139] Shen P, Sun Y, Liu S, et al. Synthesis of amorphous nano-silica from recycled concrete fines by two-step wet carbonation [J]. Cement and Concrete Research, 2021, 147:106526.

[140] Xuan D, Zhan B, Poon C S. Assessment of mechanical properties of concrete incorporating carbonated recycled concrete aggregates [J]. Cement & Concrete Composites, 2016, 65: 67-74.

[141] Gholizadeh-Vayghan A, Bellinkx A, Snellings R, et al. The effects of carbonation conditions on the physical and microstructural properties of recycled concrete coarse aggregates [J]. Construction and Building Materials, 2020, 257(10):119486.

[142] Shen P, Jiang Y, Zhang Y, et al. Production of aragonite whiskers by carbonation of fine recycled concrete wastes: An alternative pathway for efficient CO_2 sequestration [J]. Renewable & Sustainable Energy Reviews, 2023, 173:113079.

[143] Zhan B J, Xuan D X, Poon C S, et al. Characterization of interfacial transition zone in concrete prepared with carbonated modeled recycled concrete aggregates [J]. Cement and Concrete Research, 2020, 136:106175.

[144] Sereng M, Djerbi A, Metalssi O O, et al. Improvement of Recycled Aggregates Properties by Means of CO_2 Uptake [J]. Applied Sciences-Basel, 2021, 11(14):6571.

[145] Lothenbach B, Scrivener K, Hooton R D. Supplementary cementitious materials [J]. Cement and Concrete Research, 2011, 41(12): 1244-1256.

[146] Lu B, Shi C, Cao Z, et al. Effect of carbonated coarse recycled concrete aggregate on the properties and microstructure of recycled concrete [J]. Journal of Cleaner Production, 2019, 233: 421-428.

[147] Fang X, Zhan B, Poon C S. Enhancement of recycled aggregates and concrete by combined treatment of spraying Ca2+ rich wastewater and flow-through carbonation [J]. Construction and Building Materials, 2021, 277(29):122202.

[148] Li L, Jiang Y, Pan S-Y, et al. Comparative life cycle assessment to maximize CO_2 sequestration of steel slag products [J]. Construction and Building Materials, 2021, 298(6):123876.

[149] Chung S-Y, Stephan D, Abd Elrahmana M, et al. Effects of anisotropic voids on thermal properties of insulating media investigated using 3D printed samples [J].

Construction and Building Materials, 2016, 111: 529-542.

[150] Gao Y, De Schutter G, Ye G. Micro-and meso-scale pore structure in mortar in relation to aggregate content [J]. Cement and Concrete Research, 2013, 52: 149 -160.

[151] Ozturk A U, Baradan B. A comparison study of porosity and compressive strength mathematical models with image analysis [J]. Computational Materials Science, 2008, 43(4): 974-979.

[152] Ma H, Li Z. Realistic pore structure of Portland cement paste: experimental study and numerical simulation [J]. Computers and Concrete, 2013, 11(4): 317-336.

[153] Young J F. Science and Technology of Civil engineering materials [J]. Nature, 1998, 381(6579): 212-215.

[154] Diamond S. The microstructure of cement paste and concrete-a visual primer [J]. Cement & Concrete Composites, 2004, 26(8): 919-933.

[155] Martys N S, Ferraris C F. Capillary transport in mortars and concrete [J]. Cement and Concrete Research, 1997, 27(5): 747-760.

[156] Nambiar E K K, Ramamurthy K. Air-void characterisation of foam concrete [J]. Cement and Concrete Research, 2007, 37(2): 221-230.

[157] Jin S, Zhang J, Huang B. Fractal analysis of effect of air void on freeze-thaw resistance of concrete [J]. Construction and Building Materials, 2013, 47: 126-130.

[158] Hasholt M T. Air void structure and frost resistance: a challenge to Powers' spacing factor [J]. Materials and Structures, 2014, 47(5): 911-923.

[159] Wong H S, Pappas A M, Zimmerman R W, et al. Effect of entrained air voids on the microstructure and mass transport properties of concrete [J]. Cement and Concrete Research, 2011, 41(10): 1067-1077.

[160] Yuan J, Wu Y, Zhang J. Characterization of air voids and frost resistance of concrete based on industrial computerized tomographical technology [J]. Construction and Building Materials, 2018, 168: 975-983.

[161] Du L X, Folliard K J. Mechanisms of air entrainment in concrete [J]. Cement and Concrete Research, 2005, 35(8): 1463-1471.

[162] Kwan A K H, Ng I Y T. Improving performance and robustness of SCC by adding supplementary cementitious materials [J]. Construction and Building Materials, 2010, 24(11): 2260-2266.

[163] Su N, Hsu K C, Chai H W. A simple mix design method for self-compacting concrete [J]. Cement and Concrete Research, 2001, 31(12): 1799-1807.

[164] Kim K Y, Yun T S, Choo J, et al. Determination of air-void parameters of hardened cement-based materials using X-ray computed tomography [J]. Construction and Building Materials, 2012, 37: 93-101.

[165] Aligizaki K K, Cady P D. Air content and size distribution of air voids in hardened cement pastes using the section-analysis method [J]. Cement and Concrete Research, 1999, 29(2): 273-280.

[166] Pleau R, Pigeon M, Laurencot J L. Some findings on the usefulness of image analysis for determining the characteristics of the air-void system on hardened concrete [J]. Cement & Concrete Composites, 2001, 23(2-3): 237-246.

[167] Chung S-Y, Elrahman M A, Stephan D. Investigation of the effects of anisotropic pores on material properties of insulating concrete using computed tomography and probabilistic methods [J]. Energy and Buildings, 2016, 125: 122-129.

[168] Ley M T, Welchel D, Peery J, et al. Determining the air-void distribution in fresh concrete with the Sequential Air Method [J]. Construction and Building Materials, 2017, 150: 723-737.

[169] Lu H, Alymov E, Shah S, et al. Measurement of air void system in lightweight concrete by X-ray computed tomography [J]. Construction and Building Materials, 2017, 152: 467-483.

[170] Bould M, Barnard S, Learmonth I D, et al. Digital image analysis: improving accuracy and reproducibility of radiographic measurement [J]. Clinical Biomechanics, 1999, 14(6): 434-437.

[171] Dequiedt A S, Coster M, Chermant L, et al. Distances between air-voids in concrete by automatic methods [J]. Cement & Concrete Composites, 2001, 23(2-3): 247-254.

[172] Jakobsen U H, Pade C, Thaulow N, et al. Automated air void analysis of hardened concrete-a Round Robin study [J]. Cement and Concrete Research, 2006, 36(8): 1444-1452.

[173] Mayercsik N P, Felice R, Ley M T, et al. A probabilistic technique for entrained air void analysis in hardened concrete [J]. Cement and Concrete Research, 2014, 59: 16-23.

[174] Lu Y, Islam M A, Thomas S, et al. Three-dimensional mortar models using real-shaped sand particles and uniform thickness interfacial transition zones: Artifacts seen in 2D slices [J]. Construction and Building Materials, 2020, 236(10):117590.

[175] Shen H, Oppenheimer S M, Dunand D C, et al. Numerical modeling of pore size

and distribution in foamed titanium [J]. Mechanics of Materials, 2006, 38(8-10): 933-944.

[176] Chen Y, Copuroglu O, Rodriguez C R, et al. Characterization of air-void systems in 3D printed cementitious materials using optical image scanning and X-ray computed tomography [J]. Materials Characterization, 2021, 173:110948.

[177] Wang Z, Xiao J. Evaluation of Air Void Distributions of Cement Asphalt Emulsion Mixes Using an X-Ray Computed Tomography Scanner [J]. Journal of Testing and Evaluation, 2012, 40(2): 273-280.

[178] Wong R C K, Chau K T. Estimation of air void and aggregate spatial distributions in concrete under uniaxial compression using computer tomography scanning [J]. Cement and Concrete Research, 2005, 35(8): 1566-1576.

[179] Chung S-Y, Han T-S, Yun T S, et al. Evaluation of the anisotropy of the void distribution and the stiffness of lightweight aggregates using CT imaging [J]. Construction and Building Materials, 2013, 48: 998-1008.

[180] Su D, Yan W M. 3D characterization of general-shape sand particles using microfocus X-ray computed tomography and spherical harmonic functions, and particle regeneration using multivariate random vector [J]. Powder Technology, 2018, 323: 8-23.

[181] Li T, Sun X, Shi F, et al. The Mechanism of Anticorrosion Performance and Mechanical Property Differences between Seawater Sea-Sand and Freshwater River-Sand Ultra-High-Performance Polymer Cement Mortar (UHPC) [J]. Polymers, 2022, 14(15):3105.

第 2 章

沙漠砂复合纤维增强水泥基材料的制备及其性能研究

　　近年来,社会正以惊人的速度发展,国家也越来越重视城镇化建设,在这样的社会大背景下,内陆地区兴建的高层以及超高层建筑的数量越来越大,建筑能耗占总能耗的比例也呈不断上升趋势。混凝土因其所具有低廉的价格、简单的制备方法等优势,仍占据着人造材料的"霸主"之位。随着工程量急剧增加以及国家对砂石采集的相关管理规定愈加严格,建筑用砂供需矛盾日益突出。我国西北地区有着 70 万 km^2 沙漠地带,存在大量天然的沙漠砂资源。假如可以通过减少建筑用砂的含量,使用沙漠砂部分或全部替代建筑用砂的方式制备出具有工程应用适用性的沙漠砂混凝土,在保护原始生态环境的同时,沙漠地区沙漠化的环境压力也会因为沙漠砂的消耗而减轻。我国西北地区拥有丰富的矿物资源,开采矿物资源产生的工业废渣、废灰能用在混凝土之中既节约了资源,又降低了能耗,具有良好的社会效益和经济效益。

　　如今,在沙漠砂混凝土的应用研究方面,国内学者已经取得了阶段性的成果。张广泰[1]、李志强[2,3] 等人就力学性能方面对新疆地区的沙漠砂混凝土做出了试验和研究。陈云龙[4-6]、张国学[7] 等人对毛乌素沙漠砂和腾格里沙漠砂开展了试验研究。王娜[8] 针对非洲撒哈拉沙漠地区的沙漠砂开展了高强混凝土的配合比应用研究。相关研究表明,在一定范围内随着沙漠砂用量的提高,混凝土的力学性能仍能保持较高水平;随着沙漠砂替代河砂比例的逐渐增加,混凝土的力学性能将急剧减小[9]。付杰[10] 研究发现随着沙漠砂替代河砂比例的提升,沙漠砂混凝土劈裂拉伸强度和抗压强度均呈现先提高后降低趋势。李志强[11] 发现当沙漠砂的掺量为 80% 时,沙漠砂混凝土的抗压强度、劈裂抗拉强度、和易性均较好。现有沙漠砂高强混凝土研究表明,随着沙漠砂替代河砂比例的提升,沙漠砂高强混凝土劈裂拉伸强度和抗压强度都表现为先升高后降低的趋势,当沙漠砂替代率为 20% 时,两者均达到最大值[6]。杨维武等人[12]的单因素试验发现,随着沙漠砂替代率的增加,混凝土在 7 d、28 d 和 56 d 时抗压强度具有基本相同的变化趋势,即沙漠砂替代河砂的比例对高强混凝土抗压强度的影响呈现出先增大后减小的趋势,抗压强度在沙漠砂替代率为 20% 时有最大值。另外,通过研究沙漠砂对纤维增强砂浆孔结构的影响发现,当沙漠砂替代率为 50% 时纤维增强砂浆的抗压强度最大,相对河砂纤维增强砂浆的抗压强度增加了 11.90%[13]。

　　现有研究表明,随着沙漠砂替换河砂的比例的增加,混凝土强度呈现出先增加后降低的趋势,所以在沙漠砂完全替代河砂后仍使混凝土强度保持优异力学性能的情况无法实现。为解决上述问题,本章研制了新型沙漠砂复合纤维增强水泥基材料,在沙漠砂复合纤维增强水泥基材料的配合比设计中,使用低水灰比降低拌合水用量;使用工业废料粉煤灰、硅灰替代部分水泥,并对标准养护和蒸汽养护方式做出对比;使用沙漠砂完全代替河砂,制备的沙漠砂复合纤维增强水泥基材料具备较高的抗压强度,抗压强度最高超过 100 MPa。并通过 XRF、MIP、TG、SEM 以及 XRD 等微观表征技术研究沙漠砂替代河砂制备沙漠砂复合纤维增强水泥基材料的孔结构、水化产物以及微观形貌变化。

2.1   材料的制备

2.1.1   原材料

　　试验用水泥为南京海螺牌 P·O 42.5 水泥;试验用硅灰的平均粒径 0.1~0.3 μm;试验用 I 级粉煤灰的细度为 10%,抗压强度比 78%;水泥、硅灰与粉煤灰的化学成分见表 2-1。试验用聚羧酸减水剂的固含量 40%,掺量为粉料质量分数的 1%,减水率 35%~45%;试验用钢纤维长度 13 mm,纤维直径 0.2 mm,纤维长径比 65,抗拉强度 ≥2 850 MPa;试验用沙漠砂为毛乌素沙地砂,细度模数 0.254,含泥量 0.25%;试验用河砂的细度模数为 2.2~2.5,含泥量 1.5%;采用去离子水作为拌和水。

表 2-1　水泥、粉煤灰、硅灰的化学成分

种类	化学组分/%							
	CaO	SiO_2	Al_2O_3	MgO	Fe_2O_3	Na_2O	SO_3	烧失率
P·O 42.5 水泥	61.54	15.40	4.43	0.72	4.91	0.04	2.75	2.24
硅灰	0.57	97.35	0.337	0.414	0.003	0.10	0.19	2.81
粉煤灰	1.5	58	30	2.8	4.3	3.2	0.8	3.31

　　河砂与沙漠砂的形貌与粒径分析如图 2-1 和图 2-3 所示。从图 2-1 和图 2-2 可以观察到沙漠砂和河砂的宏观与微观形貌特征差异,这两种砂的主要区别在于它们的颗粒大小、形状和表面纹理。沙漠砂颗粒具有表面相对光滑的特点,这与沙漠中的风成搬运机制有关。河砂颗粒的特征是有角的形状,且棱角分明。

（a）宏观形貌　　　　　　　　　　　（b）微观形貌

图 2-1　沙漠砂的形貌

（a）宏观形貌　　　　　　　　　　　（b）微观形貌

图 2-2　河砂的形貌

沙漠砂与河砂的氧化物含量 XRF 测试结果见表 2-2,沙漠砂的 SiO_2 含量为 71.54%,与河砂相似;整体而言,沙漠砂和河砂的碱性氧化物含量相差不多,总含碱量基本相同,但沙漠砂的 SO_3 等有害物质含量更高。

表 2-2　沙漠砂与河砂的 XRF 测试结果

种类	SiO_2	Al_2O_3	Na_2O	K_2O	CaO	Fe_2O_3	MgO	MnO	SO_3
河砂	71.72	15.06	3.8	2.6	2.41	2.39	1.59	0.038 2	0.013 6
沙漠砂	71.54	13.35	2.47	2.71	4.73	2.39	1.91	0.047 9	0.183

另外,通过激光粒度测试发现沙漠砂的粒径分布相对集中,主要在 100~200 μm 间,这在图 2-3(a)中有体现。河砂的粒径分布则是在 100~1 000 μm 的连续分布,主要颗粒粒径大于沙漠砂,如图 2-3(a)、图 2-3(b)所示。

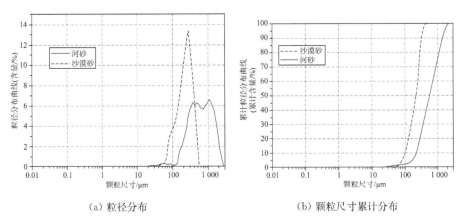

(a) 粒径分布　　　　　　　　　　(b) 颗粒尺寸累计分布

图 2-3　河砂与沙漠砂的激光粒度分析结果

2.1.2　制备方法

不同配合比沙漠砂复合纤维增强水泥基材料的原材料组成、养护方式如表 2-3 所示。将水泥、硅灰、粉煤灰、钢纤维混配并用搅拌机搅拌均匀,加入沙漠砂(河砂)继续搅拌均匀,再加入去离子水和减水剂,机械搅拌 8~10 min 直至搅拌均匀,得到混凝土浆体,装模震动后养护。养护方式分为蒸汽养护和标准养护,箱梁蒸汽养护的方法为将拆除模具的混合物置于 70~90℃的箱梁内养护 48~90 h,控制升温和降温速度不超过 10 ℃/h;标准养护具体为试块成型 24 h 后拆模在标准养护室内养护 28 d,标准养护室的室温要维持在

20 ℃,湿度不小于95%。

表2-3　不同配合比沙漠砂复合纤维增强水泥基材料的原材料组成（质量比）

组	养护方式	水泥	粉煤灰	硅灰	钢纤维	减水剂	沙漠砂	河砂	去离子水
1	蒸汽养护	0.5	0.30	0.20	0.30	0.04	—	1.4	0.18
2	蒸汽养护	0.5	0.30	0.20	0.30	0.04	0.35	1.05	0.18
3	蒸汽养护	0.5	0.30	0.20	0.30	0.04	0.7	0.7	0.18
4	蒸汽养护	0.5	0.30	0.20	0.30	0.04	1.05	0.35	0.18
5	蒸汽养护	0.5	0.30	0.20	0.30	0.04	1.4	—	0.18
6	标准养护	0.5	0.30	0.20	0.30	0.04	—	1.4	0.18
7	标准养护	0.5	0.30	0.20	0.30	0.04	0.35	1.05	0.18
8	标准养护	0.5	0.30	0.20	0.30	0.04	0.7	0.7	0.18
9	标准养护	0.5	0.30	0.20	0.30	0.04	1.05	0.35	0.18
10	标准养护	0.5	0.30	0.20	0.30	0.04	1.4	—	0.18

2.2　力学性能研究

2.2.1　试验方法

　　养护到期后对各组沙漠砂复合纤维增强水泥基材料进行力学性能测试，测试试件尺寸为100 mm×100 mm×100 mm立方体和100 mm×10 mm×400 mm棱柱体两种，分别进行抗压强度和抗折强度测试，每三个试块一组取平均值。强度的测试依据SL 352—2020《水工混凝土试验规程》进行。

2.2.2　结果与讨论

　　标准养护与蒸汽养护下不同组材料的强度变化情况如图2-4所示。在蒸汽养护条件下，随着沙漠砂掺量的增加，沙漠砂复合纤维增强水泥基材料抗压强度与抗折强度均不断增加。与已有研究[1-14]不同的是，在蒸汽养护条件下，当沙漠砂完全替代河砂时，沙漠砂复合纤维增强水泥基材料的抗压强度与抗折强度相比于纯河砂复合纤维增强水泥基材料分别提高了36.91%和77.95%。这对于沙漠砂在水泥基材料中的应用有着积极的作用，解决了高掺量沙漠砂水泥基材料力学性能不能满足需求的问题。关于高掺量或者沙漠砂完全替代河砂后水泥基材料力学性能仍然增加的原因,后文从水泥基材料孔结构、微观形貌以及水化产物的角度进行分析。

在标准养护条件下,随着天数的增加,不同沙漠砂掺量的沙漠砂复合纤维增强水泥基材料抗压强度均不断增加,在控制天数不变的情况下,沙漠砂复合纤维增强水泥基材料的抗压强度随着沙漠砂掺量增加呈现先上升后以不同速率下降的变化趋势,当沙漠砂替代率超过一定量时,抗压强度下降,其原因在于沙漠砂强度比中砂小。养护 28 d 后,沙漠砂掺量为 50% 的沙漠砂复合纤维增强水泥基材料具有最高的抗压强度。

图 2-4(b)所示为在不同沙漠砂掺量下沙漠砂复合纤维增强水泥基材料抗折强度随天数的变化,随着天数的增加,不同沙漠砂掺量的水泥基材料的抗折强度整体呈先增加后降低的趋势,在控制天数不变的情况下,水泥基材料的抗折强度随着沙漠砂掺量增加呈现先上升后以不同速率下降的变化趋势,养护 28 d 后,沙漠砂掺量为 50% 的水泥基材料抗折强度最高。可以看出,在标准养护条件下沙漠砂复合纤维增强水泥基材料强度呈现先增大后减小的趋势,无法实现沙漠砂完全替代河砂后保持较高的力学性能,且沙漠砂掺量为 50% 的沙漠砂复合纤维增强水泥基材料养护 28 d 后的力学性能仍差于蒸汽养护时。故蒸汽养护为此沙漠砂复合纤维增强水泥基材料的最佳养护方式。

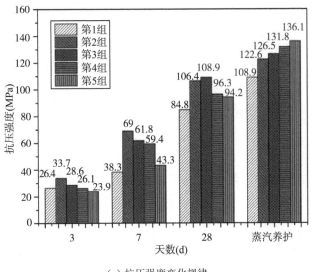

(a) 抗压强度变化规律

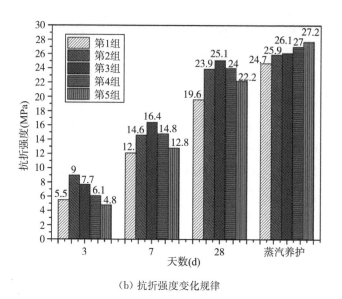

（b）抗折强度变化规律

图 2-4　沙漠砂复合纤维增强水泥基材料的力学性能演变规律

2.3　孔结构研究

2.3.1　试验方法

对养护到期后配合比 1～5 的沙漠砂复合纤维增强水泥基材料进行压汞测试,擦干达到测试龄期的试件表面,在试样中具有代表性的位置采用切割机切取尺寸约为 0.5 cm³ 的样品,用乙醇浸泡脱水 24 h,然后在 60℃真空干燥箱内干燥 48 h,恢复室温后即用 AutoPore Iv 9510 全性能自动压汞仪进行压汞测试,记录孔隙率累计曲线和孔径分布微分曲线,根据测试中最大压力处的累计进汞体积除以试样的总体积计算得孔隙率。

2.3.2　结果与讨论

逐渐增加沙漠砂掺量后水泥基材料的孔隙率与累计孔体积变化如表 2-4 所示。当水泥基材料中引入沙漠砂后,水泥基材料的孔隙率明显降低。沙漠砂替代河砂比例为 25% 时孔隙率为纯河砂水泥基材料的 47.56%,完全使用沙漠砂时孔隙率仅为纯河砂水泥基材料的 16.46%。孔隙率的降低表明沙漠砂复合纤维增强水泥基材料孔结构得到优化,这对沙漠砂复合纤维增强水泥基材料的力学性能起到积极的提高作用。

表 2-4　不同配合比沙漠砂复合纤维增强水泥基材料的孔隙率与累计孔体积

组	1	2	3	4	5
孔隙率 /%	16.4	7.8	6.9	5.7	2.7
累计孔体积/(ml/g)	0.030 2	0.017 2	0.009 6	0.007 7	0.007 2

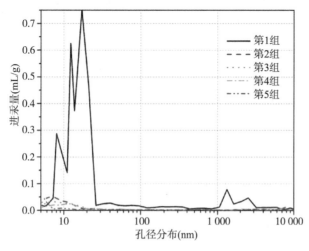

（a）孔径分布曲线

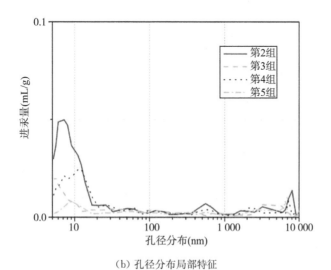

（b）孔径分布局部特征

图 2-5　沙漠砂复合纤维增强水泥基材料的孔径分布积分曲线

图 2-5 所示为 5 组沙漠砂复合纤维增强水泥基材料的孔径分布积分曲线，随着沙漠砂掺量的增加，水泥基材料的孔径分布得到了明显的优化。图 2-5(a)所示为 5 组沙漠砂复合纤维增强水泥基材料对比，图中可清晰地观察到纯河砂水泥基材料的孔径分布，主要为 10～30 nm 以及 1 000～3 000 nm 的孔。由于第 1 组水泥基材料与第 2～5 组沙漠砂复合纤维增强水泥基材料累计孔体积相差悬殊，图 2-5(a)中已经不能准确判断第 2～5 组沙漠砂复合纤维增强水泥基材料的孔径分布差异，因此将第 2～5 组沙漠砂复合纤维增强水泥基材料进行单独对比分析。如图 2-5(b)所示，第 2～5 组沙漠砂复合纤维增强水泥基材料的孔径分布主要集中在 20 nm 以内，这 4 组水泥基材料的孔径分布呈现出相同的分布规律。

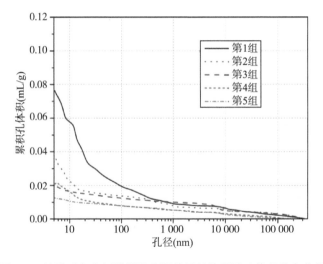

图 2-6   沙漠砂复合纤维增强水泥基材料的累计孔体积分布曲线

图 2-6 为 5 组水泥基材料累计孔体积分布曲线，可见随着沙漠砂掺量的增加，沙漠砂复合纤维增强水泥基材料的累计孔体积不断降低。沙漠砂复合纤维增强水泥基材料的累计孔体积降低表明水泥基材料孔结构中的孔含量减少，孔径分布越小表明水泥基材料的孔趋于无害孔。这些变化表明沙漠砂复合纤维增强水泥基材料的孔结构得到优化，对沙漠砂复合纤维增强水泥基材料的性能起到积极的提升作用。

2.4　微观结构特征研究

2.4.1　试验方法

对养护到期后 1～5 组的沙漠砂复合纤维增强水泥基材料进行微观形貌表征,擦干达到测试龄期的试件表面,在试样中具有代表性的位置采用切割机切取尺寸约为 0.5 cm³ 的样品,放入真空干燥箱中烘干 24 h,干燥箱温度设为 45℃,烘干后关闭干燥箱直至冷却至室温,然后采用密封袋将测试样品封装,并立即进行 SEM 测试。对养护到期后配合比 1～5 的沙漠砂复合纤维增强水泥基材料中具有代表性的位置取样,研磨至通过 16 μm 筛,置于真空干燥箱 60℃干燥 3 d,取出进行 XRD 试验。同时对养护到期后配合比 1～5 的沙漠砂复合纤维增强水泥基材料中具有代表性的位置取样,研磨至通过 100 μm 筛并于 50℃真空干燥箱干燥,取出并采用 SDT Q 600 热重分析仪进行热重分析(TG—DTG),研究其热分解性能。高纯氮气作为保护气体的速率为 100 mL/min,初始温度为 20℃,加热速度为 10 ℃/min,最终温度为 1 000 ℃/min。

2.4.2　结果与讨论

在蒸汽养护条件下,不同掺量沙漠砂的沙漠砂复合纤维增强水泥基材料 XRD 测试结果如图 2-7 所示。这里主要对最能反映水泥水化程度和火山灰作用的 C—H、C—S—H 和 SiO₂ 含量进行分析。XRD 测试结果表明,随着沙漠砂掺量的增加,沙漠砂复合纤维增强水泥基材料中 C—H 的相对含量增加。对于 C—S—H 凝胶,随着沙漠砂掺量的增加,沙漠砂复合纤维增强水泥基材料中 C—S—H 的相对含量也不断增加。同时,SiO₂ 含量随着沙漠砂掺量的增加而逐渐降低。测试结果表明,沙漠砂的加入会影响水泥水化进程并提高水化产物的相对含量。

各组沙漠砂复合纤维增强水泥基材料中 C—H、C—S—H、活性氧化物 SiO₂ 等水化产物含量不同的原因是沙漠砂具有非均质成核和火山灰效应[14,15]。活性组分(以 SiO₂ 为主要成分)在水泥水化形成的 C—H 的碱性环境中具有火山灰效应,从而加速水泥水化反应,形成高碱度的 C—S—H 和

C—A—H,形态更加稳定,水泥石的平均抗压强度提高了[16]。这正好解释了 SiO_2 含量下降的主要原因。

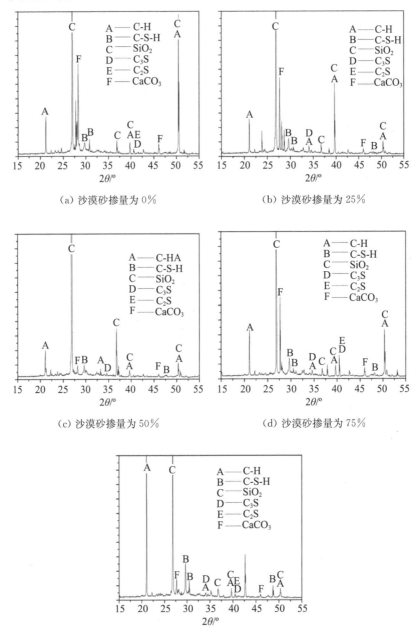

(a) 沙漠砂掺量为 0%

(b) 沙漠砂掺量为 25%

(c) 沙漠砂掺量为 50%

(d) 沙漠砂掺量为 75%

(e) 沙漠砂掺量为 100%

图 2-7　不同沙漠砂掺量的沙漠砂复合纤维增强水泥基材料 XRD 图谱

由于 C—H 的含量在火山灰反应后并没有减少,反而增加了,这可能有两个原因。一是沙漠砂本身呈弱碱性[17],增加了水化环境的碱度;二是 C—H 的水化生成速度快于消耗速度。此外,沙漠砂等细颗粒具有非均质成核和强吸水作用,从而促进水化产物的成核率[18]并进一步影响混凝土的宏观强度。

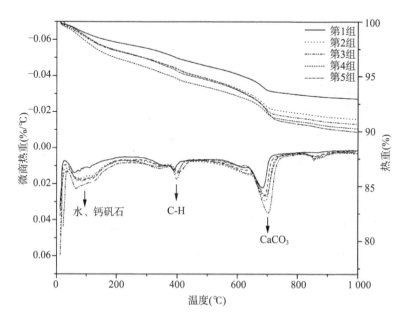

图 2-8　不同沙漠砂掺量的沙漠砂复合纤维增强水泥基材料 TG-DTG 曲线

图 2-8 为蒸汽养护条件下不同沙漠砂掺量水泥基材料的 TG-DTG 曲线。测试结果表明,在 50~150℃ 和 350~450℃ 的温度范围内,减重峰的高度随着沙漠砂掺量的增加而增加,这分别对应了水、钙矾石和 C—H 的热分解。在碳酸钙热分解对应的 600~800℃ 的温度范围内,随着沙漠砂掺量的增加,减重峰的高度越高,说明随着沙漠砂的掺入,样品碳化固化后的碳酸钙量增加,沙漠砂复合纤维增强水泥基材料的微观形貌得到了一定的优化。TG-DTG 曲线的结果与 XRD 测试结果相对应。

纯河砂水泥基材料与纯沙漠砂水泥基材料的微观形貌如图 2-9 所示。图 2-9(a)中纯河砂水泥基材料的结构比较致密,水化产物均匀地分布在混凝土中,粉煤灰的火山灰效应与填充效应比较明显。致密的孔结构、粉煤灰颗粒上以及水泥基材料内部孔中均匀地分布着水化产物,使水泥基材料表现出较高的力学性能。充分的水化反应对水泥基材料的强度发展至关重要。如

图 2-9(b)所示,小颗粒沙漠砂和丰富的水化产物的填充作用,有效地提高了基体的密实度,填充了胶凝体基体,细化了内部空隙,使水泥基材料的抗压强度和抗折强度发展。比较图 2-9(a)、图 2-9(b)可见,纯沙漠砂水泥基材料中水化产物明显多于纯河砂水泥基材料,这一定程度上解释了为什么纯沙漠砂水泥基材料的抗压强度与抗折强度高于纯河砂水泥基材料。

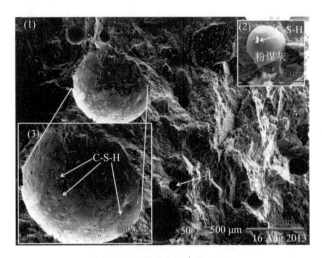

(a) 沙漠砂掺量为 0%(第 1 组)

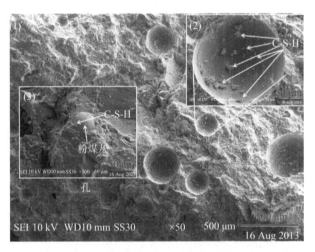

(b) 沙漠砂掺量为 100%(第 5 组)

图 2-9　不同沙漠砂掺量的沙漠砂复合纤维增强水泥基材料微观形貌对比

2.5 沙漠砂的作用机理分析

使用低水灰比降低拌合水用量的同时提高水化效率,使用工业废料粉煤灰、硅灰替代部分水泥,在降低水泥用量的同时形成颗粒级配增加密实度,引入短切钢纤维增加水泥基材料的韧性与强度,采用蒸汽养护大大缩短养护时间的同时进一步提高水化效率,最终形成沙漠砂复合纤维增强水泥基材料。在蒸汽养护条件下,随着沙漠砂掺量的增加,水泥基材料的力学性能不断提高,蒸汽养护下当使用沙漠砂完全替代河砂时水泥基材料的抗压强度最高,达到 149.1 MPa。随着沙漠砂掺量的增加,水泥基材料的孔隙率不断降低,孔结构不断优化。沙漠砂对水泥基材料的水化起到了积极的促进作用,增加了水化产物含量使水泥基材料结构更加致密,提高了水泥基材料的力学性能。

2.6 本章小结

在本章中使用沙漠砂制备出一种沙漠砂复合纤维增强水泥基材料,在沙漠砂复合纤维增强水泥基材料的配合比设计中,使用低水灰比降低拌合水用量,节约干旱地区水资源用量;使用工业废料粉煤灰、硅灰替代部分水泥,减少碳排放和建筑能耗;将沙漠砂部分(完全)代替河砂,不仅有效地缓解建筑用砂的供需矛盾、充分利用了西北地区沙漠砂的丰富资源,并且缓解了由于生态保护、河湖保护造成的河砂短缺问题。

在标准养护条件下,随着沙漠砂掺量的增加,水泥基材料的力学性能先上升后下降;在蒸汽养护条件下,随着沙漠砂掺量的增加,水泥基材料的力学性能不断提高,当使用沙漠砂完全替代河砂时混凝土的抗压强度与抗折强度分别提高了 36.91% 和 77.95%,这对于沙漠砂在水泥基材料中的应用有着积极的作用。

在蒸汽养护条件下,随着沙漠砂掺量的增加,水泥基材料的孔隙率不断降低,通过进行 XRD 测试,发现沙漠砂的加入会影响水泥水化进程并提高水化产物的相对含量;TG 测试的结果表明随着沙漠砂的掺入,样品碳化固化后的碳酸钙量增加;而通过 SEM 技术对微观结构进行了分析,发现纯沙漠砂水泥基材料中水化产物明显多于纯河砂水泥基材料。随着沙漠砂掺量的增加,水泥基材料的孔结构不断优化,沙漠砂对水泥基材料的水化起到了积极的促进作用,使水泥基材料结构更加致密,提高了水泥基材料的力学性能。

参考文献

［1］张广泰,黄伟敏,郭锐. 沙漠砂锂渣聚丙烯纤维混凝土基本力学性能试验研究［J］. 科学技术与工程,2016,16(24):273-278.

［2］李志强,王国庆,杨森,等. 古尔班通古特沙漠砂混凝土劈裂强度试验研究［J］. 混凝土,2016,(08):78-81.

［3］李志强,杨森,王国庆,等. 古尔班通古特沙漠砂混凝土配合比试验研究［J］. 混凝土,2016,(09):92-96＋99.

［4］陈云龙,马菊荣,刘海峰,等. 掺粉煤灰、沙漠砂高强混凝土抗压强度研究［J］. 混凝土,2014,(07):80-84.

［5］刘海峰,马菊荣,付杰,等. 沙漠砂混凝土力学性能研究［J］. 混凝土,2015,(09):80-83＋86.

［6］杨维武,陈云龙,刘海峰,等. 沙漠砂高强混凝土力学性能研究［J］. 混凝土,2014,(11):100-102.

［7］张国学,宋建夏,杨维武,等. 沙漠砂对水泥砂浆和混凝土性能的影响［J］. 宁夏大学学报(自然科学版),2003,(01):63-65.

［8］王娜,李斌. 撒哈拉沙漠砂高强度混凝土配合比设计及研究［J］. 混凝土,2014,(01):139-142＋146.

［9］Benabed B, Azzouz L, Kadri E-H, et al. Effect of fine aggregate replacement with desert dune sand on fresh properties and strength of self-compacting mortars ［J］. Journal of Adhesion Science and Technology, 2014,28(21):2182-2195.

［10］李志强,杨森,唐艳娟,等. 高掺量沙漠砂混凝土力学性能试验研究［J］. 混凝土,2018,(12):53-56.

［11］付杰,马菊荣,刘海峰. 粉煤灰掺量和沙漠砂替代率对沙漠砂混凝土力学性能影响［J］. 广西大学学报(自然科学版),2015,40(01):93-98.

［12］杨维武,陈云龙,马菊荣,等. 沙漠砂替代率对高强混凝土抗压强度影响研究［J］. 科学技术与工程,2014,14(19):289-292.

［13］Fangying S, Tianyu L, Weikang W, et al. Research on the Effect of Desert Sand on Pore Structure of Fiber Reinforced Mortar Based on X-CT Technology ［J］. Materials, 2021,14(19):5572.

[14] Luo F J, He L, Pan Z, et al. Effect of very fine particles on workability and strength of concrete made with dune sand [J]. Construction and Building Materials, 2013, 47: 131-137.

[15] Dong W, Shen X-d, Xue H-j, et al. Research on the freeze-thaw cyclic test and damage model of Aeolian sand lightweight aggregate concrete [J]. Construction and Building Materials, 2016, 123: 792-799.

[16] Guettala S, Mezghiche B. Compressive strength and hydration with age of cement pastes containing dune sand powder [J]. Construction and Building Materials, 2010, 25(3):1263-1269.

[17] Jin B, Song J, Liu H. Engineering characteristics of concrete made of desert sand from Maowusu Sandy Land[J]. Applied Mechanics and Materials, 2012(174-177): 604-607.

[18] Lawrence P, Cyr M, Ringot E. Mineral admixtures in mortars effect of type, amount and fineness of fine constituents on compressive strength [J]. Cement and Concrete Research, 2005, 35(6): 1092-1105.

改性沙漠砂微粉作为辅助胶凝材料的可行性研究

    21 世纪是人类历史上二氧化碳排放增长幅度最快的时期。2019 年,中国、美国、印度、俄罗斯、日本——二氧化碳排放量排名前 5 位国家的碳排放总和全球占比近 60%[1]。碳排放的增加是导致全球气候变暖、温室效应,以及出现极端恶劣天气的直接诱发因素。随着近些年全球气候变暖的趋势加剧,南、北极冰川也在加速融化,海平面逐年上升,严重破坏了生态环境。早在 2009 年,美国环保署也首次承认了碳排放增加导致的温室气体会直接危害人类的身体健康和生活质量。碳排放增加的主要原因是人类大量使用化石能源[2]。水泥普遍应用于建筑行业,是人们最熟悉的建筑材料。水泥行业的碳排放主要来源于水泥熟料的生产过程。全球每年的碳排放中,有 7% 是在制造水泥的过程中产生的[5]。2020 年中国水泥行业碳排放约 13.75 亿 t,占当前全国碳排放总量(约 102 亿 t)约 13.5%,在工业行业中仅次于钢铁(钢铁碳排放量约占全国 15%),减少碳排放刻不容缓[6]。随着河砂资源短缺以及中国对砂石采集的相关管理规定出台,河砂等天然细骨料逐渐匮乏,供需矛盾日益突出。因此,寻求可以替代水泥的胶凝材料与河砂的细骨料至关重要。全世界沙漠面积已占陆地总面积的 10%,还有 43% 的土地正面临着沙漠化的威胁。我国西北地区有着 70 万 km² 沙漠地带,存在大量天然的沙漠砂资源。沙漠地区拥有丰富的太阳能、风能和生物质能,创新发展沙漠现代科技,为沙漠经济发展提供强大支撑。如果能够利用沙漠砂部分替代胶凝材料,不但能够减少碳排放的压力,同时也会减轻沙漠化的环境压力。

掺合料通常是用于混凝土工程中部分取代水泥的具有潜在胶凝性的材料[7]，即辅助性胶凝材料。行业内常用的掺合料包括粉煤灰、矿渣、石灰石粉、硅灰和钢渣粉等。粉煤灰颗粒的粒径范围为 $0.5 \sim 300~\mu m$，孔隙率高达 $50\% \sim 80\%$，有很强的吸水性。在混凝土中掺加粉煤灰节约了大量的水泥和细骨料，减少了用水量，改善了混凝土拌和物的和易性，减少水化热和热能膨胀性，提高混凝土的抗渗能力。矿渣粉颗粒的粒径范围多数为 $1 \sim 5~mm$，具有较高的火山灰活性，可以改善混凝土的和易性，提高混凝土的抗冻融性和耐久性[11-15]，是海工混凝土中用量最大的一类掺合料。石灰石粉作为掺合料可以改善混凝土的工作性和耐久性[16-19]，可以起到加速早期水化的作用[15,20,21]，其粒径一般不大于 $0.045~mm$，在混凝土中替代水泥的比例一般为 $20\% \sim 30\%$。硅灰的平均粒径在 $0.1 \sim 0.3~\mu m$，能够填充水泥颗粒间的孔隙与水化产物生成凝胶体，与碱性材料氧化镁反应生成凝胶体，能有效防止发生碱骨料反应[8]。钢渣粉的粒径为几十微米，可以通过增加混凝土的质量和结合其后期水化作用来增加后期强度[22,23]。其颗粒硬度较高，所以含钢渣粉的混凝土耐磨性良好。超细掺合料的粒径小于 $10~\mu m$，一般有硅灰、超细矿渣粉[24]、超细粉煤灰[25]、超细沸石粉[26] 及其复合的超细粉料，能产生微填充效应。除了将沙漠砂作为骨料进行研究，也有专家学者尝试将沙漠砂直接作为掺合料部分替代水泥[27]。

已有的研究表明，沙漠砂作为细骨料时在混凝土中随着用量的增加，混凝土的力学性能呈现出先增加后降低的趋势，甚至低于不使用沙漠砂时混凝土的力学性能；直接作为掺合料直接部分替代水泥时，沙漠砂的填充作用导致水泥基材料的力学性能降低[27]。沙漠砂相比于天然细骨料粒径更小[36]，并且沙漠砂表现出弱碱性[35]，具有一定的活性，因此可以将处理后的沙漠砂部分替代水泥作为辅助胶凝材料（Supplementary Cementitious Materials——SCMs）。将毛乌素沙漠砂用于制备混凝土并开展的相关研究颇丰，本章对沙漠砂进行预处理，处理后的材料作为辅助胶凝材料部分替代水泥，测试不同替代量时水泥基复合材料的 3 d、7 d、28 d 抗压抗折强度，并通过水化热、XRD、SEM 以及 MIP 技术研究预处理沙漠砂作为辅助胶凝材料对水泥水化过程的影响。

3.1 材料的制备

3.1.1 原材料

本章使用的水泥为普通硅酸盐水泥,等级为 42.5(P. O 42.5 水泥,OPC),密度为 3 100 kg/m³。使用的沙漠砂是取自中国宁夏回族自治区的毛乌素沙漠砂。本章试验使用的拌合水为去离子水。

3.1.2 制备方法

在本章中,对 7 种不同的水泥基混合物进行了浇注和试验,根据水泥替代品的掺量对试样进行分类。采取常规的混合技术来制备 7 种不同类型的水泥基混合物试样:

(a) 在 0.075 mm 粒径限制下,将毛乌素沙漠砂筛分处理为大颗粒沙漠砂(粒径>0.075 mm)和筛下沙漠砂(Sifted Desert Sand——SDS,粒径≤0.075 mm);

(b) 将水泥与 SDS 混合并搅拌 3 min,直到混合均匀;

(c) 将去离子水加入前一步骤获得的粉末混合物中,并进行以下操作(低速搅拌 1 min→ 快速搅拌 1 min→ 低速搅拌 1 min)以获得水泥复合浆体。

以这种方式,总共设计了 7 种水泥基混合物,如表 3-1 所示。将其浇筑于尺寸为 50 mm×50 mm×50 mm 的立方体模具成型,在室温下固化 24 h。然后在标准养护条件(23±2℃)下,在饱和石灰水中对样品进行脱模和养护,直至试验期。

表 3-1 预处理沙漠砂水泥浆体的配合比设计

	水胶比	掺量（wt. %）	掺量(wt. %)		
			OPC	SDS	去离子水
OPC		0	100	0	35
S1		5	95	5	35
S2		10	90	10	35
S3	0.35	15	85	15	35
S4		20	80	20	35
S5		25	75	25	35
S6		30	70	30	35

3.2　改性沙漠砂微粉与水泥之间的特征对比

3.2.1　试验方法

本节从四个方面比较了 SDS 作为辅助胶凝材料与普通硅酸盐水泥的特征。通过 X 射线荧光(XRF)和定量 X 射线衍射测定 OPC 和 SDS 的化学和矿物学组成。采用动态光散射法测定水泥、原状沙漠砂和 SDS 的粒径分布。一方面,对原料的显微形貌、粒度分布、化学成分和物相组成进行分析,加强对其自身性质的认识。另一方面,开展水化动力学、孔隙结构和微观性能表征的研究,以便揭示 SDS 对水泥水化的影响机理。以上的研究可以帮助我们对 SDS 有一个全面的了解。

3.2.2　结果与讨论

图 3-1 为筛分前后的沙漠砂样貌。图 3-2、图 3-3 和表 3-2 展示了P.O 42.5 水泥、原状沙漠砂和筛下沙漠砂(SDS)的显微形貌、粒度分布与化学成分。水泥和 SDS 的 X 射线衍射图谱如图 3-4 所示。

(a) 初始形貌

(b) 筛分处理后

图 3-1　毛乌素沙漠砂形貌特征

(a) OPC

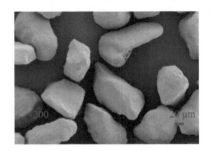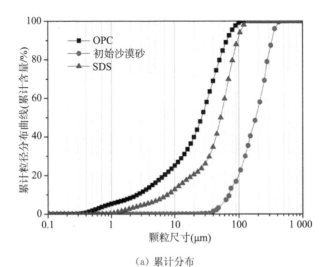

（b）初始沙漠砂

（c）SDS

图 3-2　OPC,沙漠砂与 SDS 的微观形貌

（a）累计分布

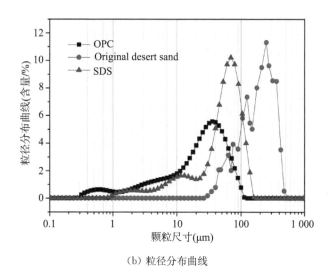

（b）粒径分布曲线

图 3-3　原材料的粒度分布

对比可知,原状沙漠砂颗粒比水泥颗粒形状更圆润,表面更光滑,如图 3-2(a)、图 3-2(b)所示。筛选处理后得到的 SDS 颗粒更加光滑,如图 3-2(c)所示。水泥、原状沙漠砂和 SDS 的粒径分布如图 3-3 所示,SDS 与水泥的粒径分布相对较窄,SDS 的粒径分布范围大于水泥。此外,SDS 的粒度分布特征与矿渣、硅质粉煤灰和石灰石粉相似。

由表 3-2 展示的水泥、原状沙漠砂和 SDS 的化学成分可知,本研究使用的初始沙漠砂中 SiO_2 的含量为 71.54%。此外,还含有 Fe_2O_3、Al_2O_3、CaO、MgO、K_2O、Na_2O 等碱性氧化物。与原状沙漠砂相比,筛选处理后 SDS 的化学成分变化较大。SiO_2 含量明显降低至 34.54%。K_2O 和 Na_2O 的含量降低,SDS 的 pH 值也有一定程度的降低。氯含量显著增加,达到 2.29%。其中,Fe_2O_3、Al_2O_3、CaO、MgO、TiO_2、SO_3 等碱性氧化物含量显著增加。Cl 和碱性氧化物含量的变化会显著影响水化反应,影响水泥浆体的强度和耐久性。

表 3-2　原材料的化学成分(wt.%)

	OPC	初始沙漠砂	SDS
SiO_2	16.98	71.54	34.54
Fe_2O_3	4.52	2.39	5.77
Al_2O_3	5.18	13.35	23.41

续表

	OPC	初始沙漠砂	SDS
CaO	66.46	4.73	18.40
MgO	1.11	1.91	5.64
K_2O	0.90	2.71	0.73
Na_2O	0.20	2.47	2.18
TiO_2	0.52	0.43	1.48
P_2O_5	—	0.11	0.33
MnO	—	0.05	0.03
SO_3	3.62	0.18	4.65
Cl	—	0.03	2.29
LOI	2.243	—	—
pH	13.22	9.55	9.10

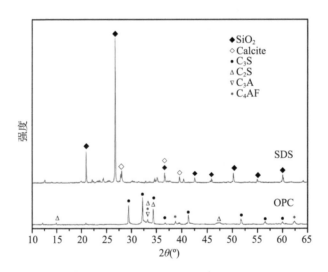

图 3-4　XRD-diffraction of cement and SDS

XRD 图谱显示 SDS 为硅质晶体结构，如图 3-4 所示。结晶二氧化硅呈现规则的三维结构，其基本原因是一个四面体，一个氧原子和一个硅原子占据每个顶点的中心。根据 De Larrard[10] 的理论，考虑反应特性 SDS 与火山灰效应经典材料有相同作用。SDS 为硅质晶体结构，与其他 SCMs 相比具有相同的物理效益和火山灰特性[21]。

利用沙漠砂的传统方法是将其加入混凝土中代替河砂作为骨料[28-35]。在第二章,本书尝试使用沙漠砂代替河砂制备超高强度沙漠砂复合纤维增强水泥基材料。从宏观和微观形貌、粒度分布特征、化学成分以及物相组成等方面测试结果可知,SDS 具有较细、较光滑、Cl 和碱性氧化物含量较高的特点,在一定程度上与高炉渣、硅质粉煤灰和石灰石粉料具有相似的物理化学特性。在前期研究过程中发现,毛乌素沙漠砂土中粒径小于 0.075 mm 部分的质量占总重量的 13%,这是一个相当大的比例,可以积极进行开发利用,在本章将尝试把 SDS 作为 SCMS 进行研究。

3.3 力学性能研究

3.3.1 试验方法

在本节,通过抗压强度的形式研究材料的力学性能。系统研究了添加 SDS(替代量为 0、5、10、15、20、25 和 30 wt%)的水泥浆体在 3 d、7 d 和 28 d 的抗压强度。根据 ASTM C109 测定 50 mm^3 立方体在 23±2 ℃饱和石灰水中储存的抗压强度,并在 3 d、7 d 和 28 d 进行测试。在每个时间点,最终的抗压强度数据是三个平行样本的平均值。

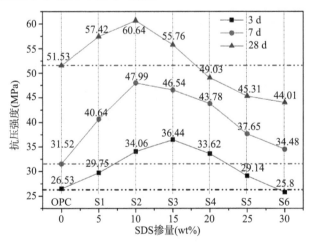

图 3-5 SDS 含量对抗压强度的影响

3.3.2　结果与讨论

如图 3-5 所示,测得的抗压强度与 SDS 掺量对应。随着 SDS 掺量的增加,试样在水化 3 d、7 d、28 d 的抗压强度分别呈现先升高后降低的变化规律。SDS 掺量在 5 wt%～25 wt% 范围内时,试样的抗压强度高于 OPC,当 SDS 掺量为 15 wt% 时,试样的抗压强度达到最大值。SDS 掺量在 5 wt%～30 wt% 范围内时,试样的抗压强度高于 OPC,当 SDS 掺量为 10 wt% 时,样品的抗压强度最大。SDS 掺量在 5 wt%～15 wt% 范围内,水化 28 d 时试样的抗压强度高于 OPC,SDS 掺量为 10 wt% 时试样的抗压强度最大。

与水化 3 d 相比,纯 OPC 的抗压强度在水化 7 d 和 28 d 的发展速度分别为 18.8% 和 94.2%。掺入 SDS 的水泥抗压强度峰值分别在 OPC 水化 3 d 时的 37.4%、80.9% 和 128.6%。这是由于水泥水化过程中 SDS 作为成核点参与反应,叠加了 SDS 在水化过程中所起的化学作用,从而证实了 SDS 的火山灰活性。引入 SDS 的抗压强度的变化规律与 SCMs 对水泥的影响规律相似。

SDS 掺量为 10 wt% 时抗压强度在水化 28 d 达到峰值、SDS 掺量为 20 wt% 时抗压强度在水化 28 d 开始低于 OPC,SDS 掺量为 30 wt% 时抗压强度在水化 28 d 达到最低。选取 OPC(作为基准组)、SDS 掺量分别为 10 wt%、20 wt% 和 30 wt% 的四组样品开展进一步研究。

3.4　水化热研究

3.4.1　试验方法

本节中根据 ASTM C 1702 对含有不同掺量 SDS 的水泥混合物进行等温量热测定。在装入量热计之前,按照 ASTM C305 中描述的方法将原材料从外部混合。从向混合料中加入水到将浆料装入量热计之间的时间约为 2 min。等温量热法在 48～72 h 内进行。在加水之前,使用手动搅拌器低速干燥混合原材料。每次测试,将 40 g 材料用刮刀在塑料容器中混合 4 min。混合后立即将 7 g 材料转移到玻璃量热计安瓿中,然后将其放置在 50 ℃ 预热的等温量热计(TAM Air, TA Instruments)中。

3.4.2　结果与讨论

为了研究 SDS 对水泥的水化动力学机制影响规律,我们有必要了解水化率随时间变化的四个阶段:(a) 初始阶段,(b) 低速水化反应阶段,(c) 加速水化反应阶段和(d) 减速水化反应阶段。本研究将 SDS 作为辅助胶凝材料,辅助胶凝材料的常见应用是用 SCMs 部分替代水泥或在不改变水泥量的情况下添加 SCMs。SCMs 的主要性能特征是火山灰活性和充填效果。填充效应可以定义为:材料本身不参与反应,但为水化产物提供晶核,通过提高水灰比提高水泥基材料的水化程度;火山灰活性表现为进一步增加水泥的水化释放热,促进水泥水化。

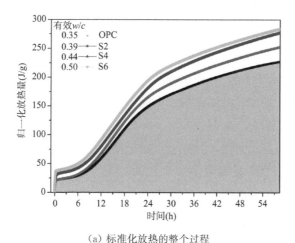

（a）标准化放热的整个过程

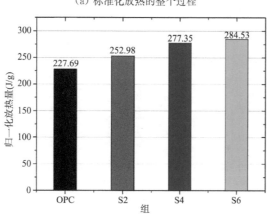

（b）所有样品在 60 h 时的归一化放热量

图 3-6　释放的热量按水泥质量归一化

图 3-6(a)展示了按水泥量归一化的累计放热量(J/G)变化规律,每个样品的数据显示时间长达 60 h。掺入 SDS 的样品在整个水化过程中比 OPC 释放更多的热量,这与填料的填充效应促进熟料反应有关。60 h 的归一化放热量从大到小的顺序为:S6>S4>S2>OPC。由图 3-6(a)可以看出,水泥的归一化放热量随 SDS 含量的增加而增加。掺加 SDS 的归一化放热量非常高,在本试验条件下,SDS 可以有效地被认为是活性的。在水化动力学方面,SDS 与石灰石粉和硅灰的效果相似。图 3-6(b)展示了所有测试样品在 60 h 时的放热量值。如前所述,4 种试样表现出不同的归一化放热量,60 h 的放热量在227.69 ~ 284.53 J/G 的较窄范围内逐渐增加。与 OPC 相比,使用10 WT.%、20 WT.%和 30 WT.%的 SDS 替代量使 60 h 的归一化放热量分别增加 11.11%、21.81%和 24.96%。

由表 3-1 可知,本研究的 w/c 集为 0.35。由于 SDS 替代了部分水泥,OPC、S2、S4 和 S6 的有效 w/c 分别为 0.35、0.39、0.44 和 0.5。因此,本研究应考虑有效水灰比的变化对放热过程的影响。Kirk Vance 等人在研究石灰石掺量对反应进程的影响时发现,石灰石掺量的增加导致有效水灰比的增加。尽管 w/c 发生了变化,但热响应曲线基本相同,这表明早期反应动力学主要是填充效应,而不是有效 w/c 变化的影响[10]。因此,本研究中水化动力学的变化主要是由 SDS 的填充作用引起的。

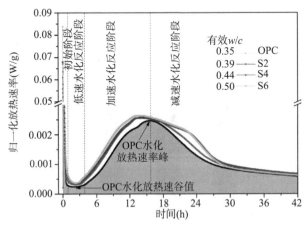

(a) 四个样品的归一化放热速率

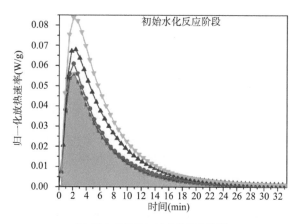

（b）四个样品的初始水化反应阶段

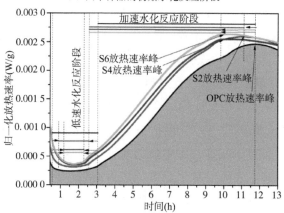

（c）四个样品的加速水化反应阶段

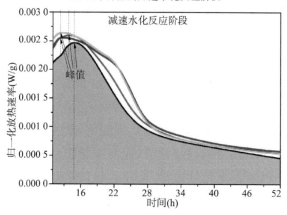

（d）四个样品的减速水化反应阶段

图 3-7　归一化为水泥单位质量的放热速率变化

水化放热速率随时间的变化过程展示出的四个反应阶段如图 3-7 所示。在图 3-7(a)中可见,掺加 SDS 的水泥放热速率呈现出与纯水泥相同的四个阶段。然而随着 SDS 的使用,各阶段的开始和结束时间以及放热速率发生了显著变化,具体细节如图 3-7(b)~图 3-7(d)所示。

图 3-7(b)展示了四个样品的初始水化反应阶段,初始水化反应阶段的特征是 C_3S 与水之间的快速反应,在接触后立即开始发生反应。随着 SDS 用量的增加,C_3S 的溶解速度加快,水泥的放热速度加快。C_3S 的溶解可以用如下反应来解释[33,34]:

$$C_3S + 3H_2O \rightarrow 3Ca^{2+} + H_2SiO_4^{2+} + 4OH^- \tag{1}$$

放热速率迅速达到峰值后,各组试样的放热速率立即减慢,这主要存在以下理论:(a) 基于亚稳势垒假说,STEIN[23] 等人[24]认为,水化速率减速是由硅酸钙水合物相[称为 C—S—H (M)]的连续但薄的亚稳层的快速形成引起的,该亚稳层通过限制其接近水或限制分离离子从表面扩散而有效地钝化表面。该薄层是用来在初始反应期结束时与溶液达到平衡的;(b) 根据缓慢溶解步骤假说,BARRET 等人[24,25] 最初提出,在与水接触的 C_3S 表面形成"表面羟基化层",并且离子从这一层解离的速度比在高度不饱和溶液中预期的矿物解离要慢得多。表面羟基化 C_3S 的表观溶解度远低于 C_3S 的计算溶解度,并且随着氢氧化钙浓度的增加,溶解度迅速降低。当溶液相对于 C—S—H 超过最大过饱和时,C—S—H 在 C_3S 表面上迅速成核,并且由于其最初的低表面积而开始缓慢生长。C—S—H 的增长导致溶液中硅酸盐浓度降低,溶液中 CA∶SI 摩尔比升高。在几分钟内,建立一个稳态条件,其中溶液相对于 C—S—H 过饱和,但相对于 C_3S 不饱和。

图 3-7(c)为 4 个试样的低速水化反应阶段和加速水化反应阶段。在掺加 SDS 的样品中,由于初始水化反应阶段时间的延长,低速水化反应阶段的时间被延迟。同时,SDS 的使用使加速周期提前,最终使低速水化反应阶段不断缩短。随着 SDS 用量的增加,放热速率不断增大,加速周期不断缩短。C—S—H 的生长控制着水化动力学,从延迟期到速率最大值之后的一段时间,SDS 的使用促进了 C—S—H 的生成。

图 3-7(d)所示为 4 组试样的减速水化反应阶段,由于 SDS 的使用,使减速水化反应阶段开始的时间提前。这是由于混合物的总体积略小于发生反

应的水泥和水的总体积。这种总体积的减少,被称为化学收缩或勒夏特列收缩,导致凝结后形成充满气体的孔隙,内部相对湿度降低,从而降低水化速率。同时,SDS 的使用增加了有效水灰比,充足的水分增加了水泥在减速水化反应阶段的放热率。

用石灰石、偏高岭土和粉煤灰部分替代水泥,随着这些材料用量的增加,在一定范围内,对水泥的水化有明显的促进作用。然而过量的辅助胶凝材料替代水泥后,水泥的水化表现出明显的抑制作用。SO_3 的存在可以促进水泥的水化,但过量使用会降低水泥水化的促进作用。在本研究中,SDS 的使用可以促进水泥的水化;但随着 SDS 用量的增加,SDS 对水泥水化的促进作用减弱。

3.5　孔结构研究

3.5.1　试验方法

为了研究不同掺量 SDS 对水泥水化过程孔隙结构的影响,采用压汞法(MIP)对水化 3 d、7 d 和 28 d 的样品进行测试。从原始样品中具有代表性位置切割出大约 5 mm × 5 mm × 5 mm 的小立方体样品。这种尺寸的样品几乎填满了渗透计,这需要更少的汞来填充渗透计。由于减少了汞的压缩性效应和提高了密度测量的准确性,使用大的单个样品促进了整个分析过程的准确性。为了去除水分,样品在真空烘箱中于 50 ℃下干燥 48 h。MIP 测试采用 AutoPore Ⅳ 9510 压汞孔隙度仪进行。

3.5.2　结果与讨论

通过研究水泥浆体孔隙结构和形态的变化,进而解释 SDS 对水泥浆体力学性能的影响,不同的孔径分布和孔隙率对水泥浆体的力学性能有不同的影响。图 3-8～图 3-10 展示了不同龄期、不同 SDS 掺量水泥浆体孔隙结构的变化情况。图 3-11 和图 3-12 分别为水泥浆体孔隙率和孔结构分布的变化情况。

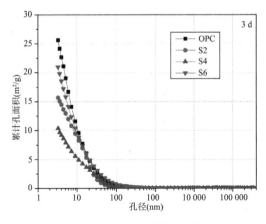

（a）水化 3 d 时的累计孔面积

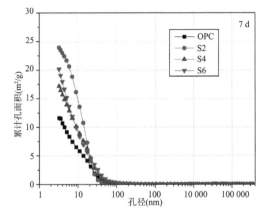

（b）水化 7 d 时的累计孔面积

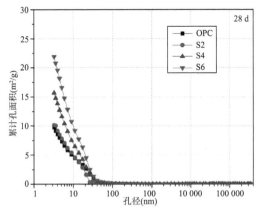

（c）水化 28 d 时的累计孔面积

图 3-8　SDS 掺量对水化过程中累计孔面积的影响

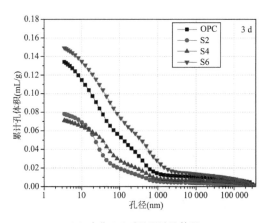

（a）水化 3 d 时的累计孔体积

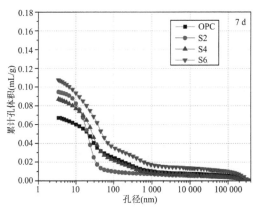

（b）水化 7 d 时的累计孔体积

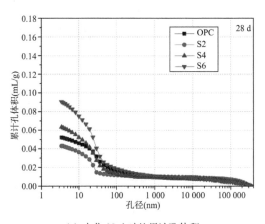

（c）水化 28 d 时的累计孔体积

图 3-9　SDS 掺量对水化过程中累计孔体积的影响

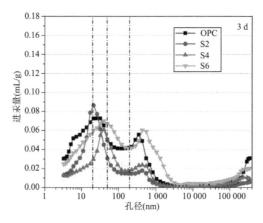

（a）水化 3 d 时的孔径分布曲线

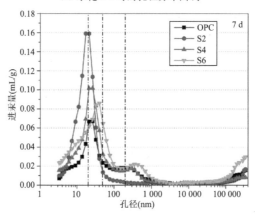

（b）水化 7 d 时的孔径分布曲线

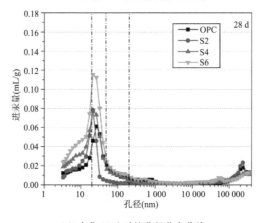

（c）水化 28 d 时的孔径分布曲线

图 3-10　SDS 掺量对水化过程中孔径分布的影响

在水泥 28 d 的水化过程中,OPC 的累计孔体积呈逐渐减小的趋势。累计孔体积在初始阶段明显减小,而在 7 d～28 d 水化期间累计孔体积略有减小,累计孔面积的变化规律相同,如图 3-8、图 3-9 所示。OPC 在 3 d 时的孔径分布以少害孔和多害孔为主,多害孔在后期逐渐减少。水化 28 d 时 OPC 的孔径分布以无害孔为主,有害孔较少,如图 3-10 所示。孔隙结构的变化规律,与水泥基材料力学性能不断提高但改善幅度逐渐缩小的变化规律相对应。

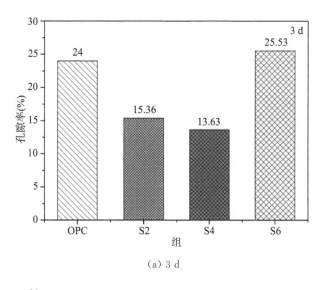

(a) 3 d

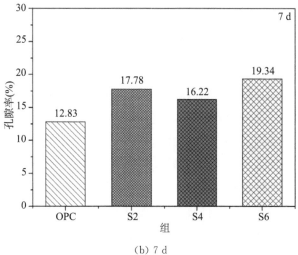

(b) 7 d

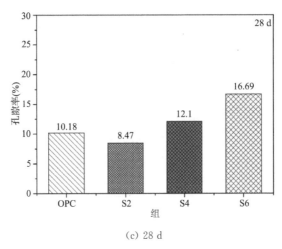

(c) 28 d

图 3-11　SDS 掺量对孔隙率的影响

由于 SDS 替代了部分水泥(10 wt%),S2 的累计孔体积在水化 3 d 和 28 d 明显减小,但在水化 7 d 出现明显增加的异常情况(见图 3-11(b))。在水化 3 d,SDS 显著降低了有害孔的含量,有害孔和无害孔的比例显著增加(有害孔由 16.4%增加到 29.0%;无害孔从 30.6%增加到 34.8%)。相比于有害孔在水化 7 d、28 d 时不同程度的降低(分别减少了 3.8%和 2.9%),无害孔在水化 7 d 时明显增加(从 25%增加到 48.5%),导致 7 d 时累计孔隙体积值较高。虽然孔体积总量增加了(图 3-12(b)),从 12.83%增加到 17.78%,但孔结构体积分布得到了明显的优化,对应的 S2 的力学性能高于 OPC。

随着 SDS 用量的增加(20 wt%),S4 的水化 3 d 的累计孔体积进一步减小,而水化 28 d 的累计孔体积高于 OPC。S4 与 OPC 孔隙结构的差异与力学性能的变化趋势一致。当 SDS 添加量进一步增加(30 wt%)时,在孔隙率最大、孔径分布最差的四组样品中,S6 在整个水化过程中的累计孔体积始终是最高的,如图 3-8～图 3-12 所示。结合 3.3 节力学性能测试结果可以看出,S6 的抗压强度在水化 28 d 时也是最差的。

前面具体分析了 SDS 对水泥浆体孔隙结构的影响以及孔隙结构变化与强度之间的关系。根据 KNUDSEN[21] 提出的多孔材料强度理论,根据经验公式建立抗压强度与孔隙率的线性关系,如式(2)所示。以 Hasselman 和 Ful-rath[22] 构建的线性公式为例,见式(3)。本试验抗压强度与孔隙率的关系如图 3-13～图 3-15 所示。

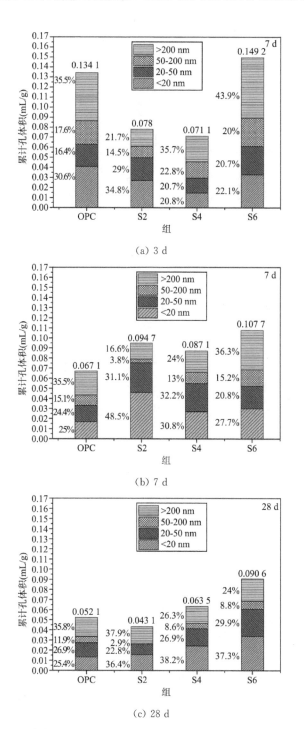

图 3-12　水化过程中无害孔,少害孔,有害孔以及多害孔含量的变化

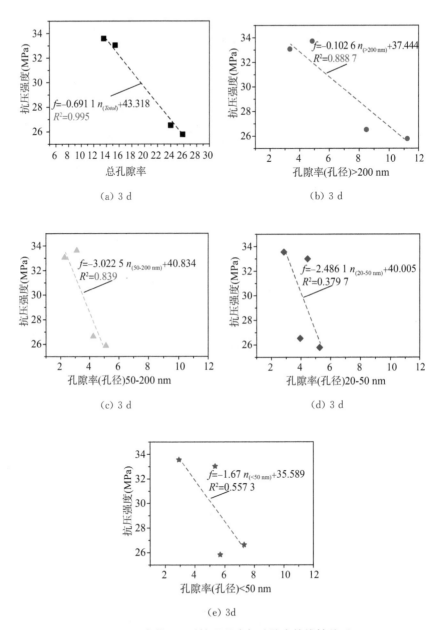

(a) 3 d (b) 3 d (c) 3 d (d) 3 d (e) 3d

图 3-13　水化 3 d 时抗压强度与孔隙率的线性关系

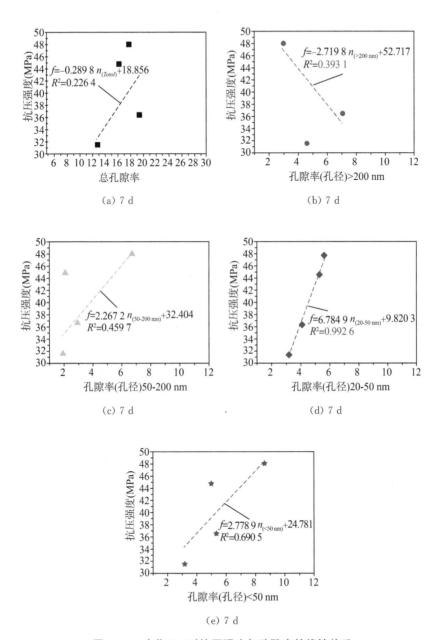

图 3-14   水化 7 d 时抗压强度与孔隙率的线性关系

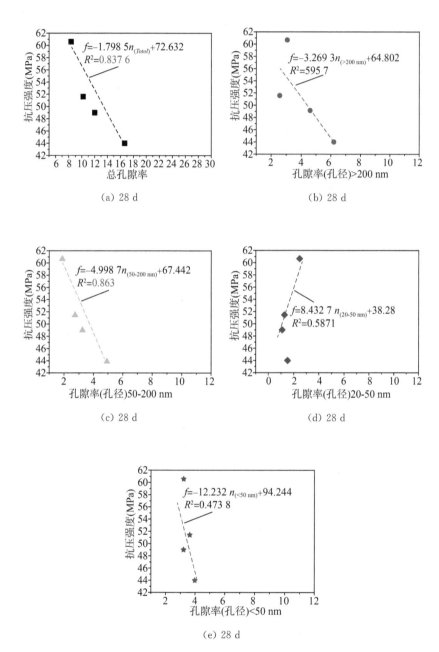

(a) 28 d

(b) 28 d

(c) 28 d

(d) 28 d

(e) 28 d

图 3-15　水化 28 d 时抗压强度与孔隙率的线性关系

研究发现,水化 3 d 和 28 d 时抗压强度与孔隙率之间存在明显的线性关系;有害孔越多和多害孔越多,对水化 3 d 的抗压强度影响越大,$R^2 = 0.839$ 和 $0.888\,7$;有害孔对水化 28 天的抗压强度影响较大,$R^2 = 0.863$;在水化第 7 天,抗压强度与孔隙率之间的关系是无序的。

$$f = k.G^{-a}.e^{-b.n} \tag{2}$$

$$f_{c,n} = f_{c,0} \cdot (1 - kn) \tag{3}$$

式中 k,a 和 b 是系数,G 是直径,n 是孔隙率,$f_{c,0}$ 是孔隙率为 0 时的强度,$f_{c,n}$ 是孔隙率为 n 时的强度。

水泥基材料中孔隙的形成主要是由于:(a) 水泥基材料中的水分在水化过程和随后的干燥过程中占据一定的空间,水分不断被消耗后逐渐形成被水占据空间的孔隙;(b) 水泥基材料在搅拌过程中没有排出的气泡,在水泥基材料硬化后最终形成封闭的孔洞[2,3]。水的相对掺量随着水灰比的增大而增大,导致水泥基材料硬化干燥后形成的孔隙增多,孔隙率增大。随着水泥基材料水化程度的增加,新生成的水化产物填充孔隙,从而降低了水泥基材料的累计孔隙体积和孔隙率[4,5]。

当使用 SDS 替代部分水泥时,由于 SDS 对水泥水化的促进作用,早期水化状态下水泥基材料的累计孔隙体积和孔隙率显著降低。此时 SDS 对水泥水化的促进作用大于实际水灰比增大导致孔隙度的增加。因此,当 SDS 含量为 10 wt% 时,水泥基复合材料的力学性能始终优于纯水泥。此外,适量的 SDS 颗粒作为滚珠,可以减少水泥颗粒之间的摩擦,改善水泥浆体的微观结构。而且,水泥浆体中产生的大孔隙可划分为小而不连通的孔隙,有利于形成凝胶孔等细孔隙,减小水泥浆体的累计孔隙体积[6]。然而,随着 SDS 替代水泥量的不断增加,有效水灰比增加带来的不利影响占上风,SDS 对水泥水化的促进作用逐渐减弱。最后,水化 28 d 后,水泥基复合材料的累计孔隙体积和孔隙率均高于纯水泥浆体,力学性能低于 OPC。随着 SDS 含量的进一步增加,水泥基材料的力学性能持续下降。适当使用 SDS 替代水泥,可以去除更多的有害孔洞,减少有害孔洞,降低孔隙率,从而显著提高水泥基材料的强度和密实度。

3.6　物相特征研究

3.6.1　试验方法

对于水泥浆体样品(OPC,S2,S4,S6)的分析,在指定龄期从 100 mm ×

100 mm × 100 mm 立方体样品的中心位置切割一些约 1 cm³ 的小水泥浆块。因为没有大的颗粒存在,直接将样品粉碎成几毫米大小的颗粒,并通过异丙醇和二乙醚交换溶剂来停止水化。之后,将这些碎片轻轻研磨,直到所有颗粒都通过筛孔尺寸为 63 mm 的筛子,用所得粉末进行 XRD 分析。本节研究 SDS 对水泥浆体 3 d、7 d 以及 28 d 水化产物的影响。在 Bruker D8 - Advance 型 x 射线衍射分析仪上进行 XRD 测试。Cu-K 辐射波长为 1.54 Å,电压为 40 kV,电流为 35 mA。扫描间隔为 2θ = 8～90°,扫描速度为 2°/min,步长为 0.020 1 4°。

3.6.2　结果与讨论

SDS 的加入对水泥水化过程中活性的影响主要来自物理、物理化学和化学三个方面。这些影响同时并以互补的方式体现在水泥浆体的抗压强度[23,24]。本文分析了沙漠砂作为辅助胶凝材料在水泥水化过程中 C_3S 和 C_2S 的消耗、C—H 和 SiO_2 的含量变化以及 C—S—H 形成的影响,如图 3-16 所示。从四个方面分析水泥水化动力学的变化,通过 X 射线衍射测试结果反应 SDS 的作用:

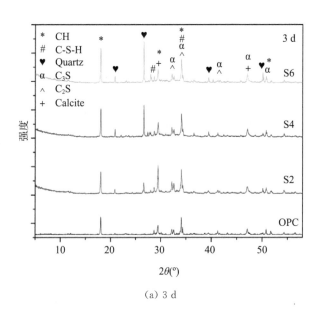

(a) 3 d

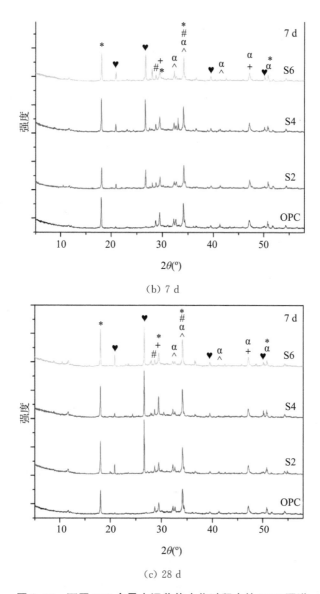

图 3-16　不同 SDS 含量水泥浆体水化过程中的 XRD 图谱

（a）C_3S 和 C_2S 的消耗：与 OPC 相比，随着水泥水化进程的发展 C_3S 和 C_2S 的峰值强度显著降低（$2\theta=32.5°,41.5°$）。同时，C_3S 和 C_2S 的峰值强度随 SDS 含量的增加而降低。这表明 SDS 的使用加速了 C_3S 和 C_2S 的消耗。

（b）C—H 含量变化：在相同水化龄期下，随着 SDS 的使用和掺量的增加，C—H 晶体的峰值强度不断增大（$2\theta=17.5°$），进一步证实 SDS 对水泥水化的促进作用。随着水化反应的进行,OPC 的水化强度逐渐降低,C—H 晶体的峰值强度逐渐降低。S2~S6 3 组试样中 C—H 晶体($2\theta=17.5°$)的峰值强度不断增大。

(c) SiO_2 含量变化:OPC 中未发现明显的石英峰,随着 SDS 的使用石英峰强度($2\theta=26.5°$)不断增大。随着水化反应的进行,未水化颗粒逐渐被消耗,石英峰强度呈增加趋势($2\theta=26.5°$)。同时,由于火山灰反应的消耗,石英峰强度降低($2\theta=40°,50°$)。

(d) C—S—H 的形成:与 OPC 组相比,S2~S6 三组试样的 C—S—H 晶体强度在水化 3 d 时明显增加($2\theta=28°,34.5°$),而在水化 28 d 时 C—S—H 晶体峰值强度没有明显增加。这些变化解释了掺加 SDS 的水泥在水化初期抗压强度显著提高的原因,XRD 测试结果为抗压强度变化规律提供佐证。

SDS 的使用增加了水泥浆体系中 C—H 和 C—S—H 的含量。加入水泥中的 SDS 颗粒起到非均相成核的作用[7],即作为水化反应的成核点,为水泥水化产物的沉淀提供了大量的成核点,从而加速了水泥的水化。

SDS 中的活性颗粒(主要由 SiO_2 组成,包括 Fe_2O_3、Al_2O_3、CaO、MgO、K_2O 和 Na_2O 等碱性氧化物)在水泥水化形成 C—H 的碱性环境中会产生火山灰效应,从而加速水泥水化反应,形成高碱度的 C—S—H。同时,形成的 C—S—H 进一步与二氧化硅发生反应,生成碱度更低、形状更稳定的 C—S—H[8,9],从而提高了水泥浆体的平均抗压强度。

3.7 微观结构研究

3.7.1 试验方法

通过扫描电子显微镜(SEM)分析各组样品的微观表面形貌。在指定龄期从 100 mm × 100 mm × 100 mm 立方体样品的中心位置获取一些约 1 cm³ 的小水泥浆块。用异丙醇和二乙醚交换溶剂,停止各组式样的水化作用。采用日立 S - 3400N 扫描电镜在 5 kV 加速电压下对所选膏体的微观结构进行研究。

3.7.2 结果与讨论

图 3-17~图 3-24 分别为 OPC、S2、S4 和 S6 在水化 3 d 和水化 28 d 的微

观结构。本节研究了水化产物 C—H 晶体和 C—S—H 凝胶的变化、SDS 的分布与成核以及孔隙结构的变化。

图 3-17 OPC 试样水化 3 d 的微观形貌

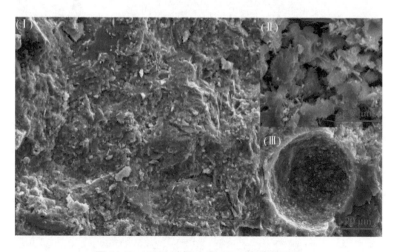

图 3-18 OPC 试样水化 28 d 的微观形貌

水化产物 C—H 晶体和 C—S—H 凝胶:对比 4 组样品水化 3 d 的显微图像(图 3-17、图 3-19、图 3-21、图 3-23),可以明显观察到 SDS 的应用促进了水泥的水化,产生了大量的 C—H 晶体。随着 SDS 掺量的增加,C—H 晶体与周围的水化产物凝胶结合如图 3-21 所示,降低了 C—H 晶体中与水泥浆体强度不利的影响。SDS 掺量的持续增加产生了一定的负面影响,OPC 和 S6 在水化 3 d 时观察到针状钙矾石的形成(图 3-17(Ⅴ)和图 3-23(Ⅱ))。水化 28 d 时,适当掺量的 SDS 与周围的 C—S—H 凝胶紧密结合

（如图 3-20 所示）。SDS 掺量过大，提高了水泥浆体的孔隙度，同时 SDS 颗粒之间的水化产物稀疏而薄，结合力差，进而造成强度降低的后果，如图 3-24（Ⅱ）所示。

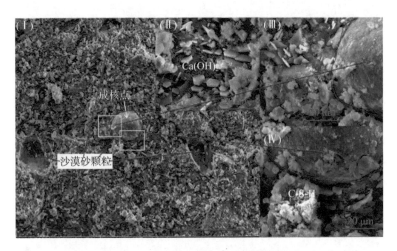

图 3-19 S2 试样水化 3 d 的微观形貌

图 3-20 S2 试样水化 28 d 的微观形貌

SDS 的分布和成核：XRF 测试结果表明，SDS 组分中 SiO_2 和 Al_2O_3 的含量分别为 34.54％和 23.41％，为活性火山灰物质。没有碱性活化剂的帮助，火山灰反应是不能发生的。$NaOH$、KOH、$Ca(OH)_2$ 和 Na_2SO_4 是最常用的活化剂，它们来自 SDS 中 H_2O、CaO、K_2O、Na_2O 和 SO_3 之间的反应。从图 3-19～图 3-24 可以看出，SDS 颗粒分布均匀，没有出现团聚的现象。水化 3 天时，水泥浆体中 SDS 颗粒形貌较为圆润光滑。同时，SDS 颗粒表面产生大量水化产物,表明发生了明显的火山灰反应。如图 3-20、图 3-22、图 3-24 所示。此外,随着胶凝反应和火山灰反应的继续,SDS 颗粒周围的凝胶变得更致密。SDS 掺量为 10 wt％和 20 wt％时,SDS 颗粒表面缺失严重。然而,当 SDS 掺量为 30 wt％时,SDS 仍然保持了颗粒饱满度。过量的 SDS 降低了火山灰反应的反应强度,这与粉煤灰在水泥水化过程中的作用类似。

图 3-21　S4 试样水化 3 d 的微观形貌

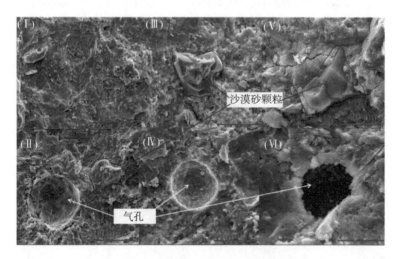

图 3-22　S4 试样水化 28 d 的微观形貌

　　孔隙结构:观察 4 组样品在水化 28 d 时的孔隙形态变化(图 3-12、图 3-20、图 3-22、图 3-24)。当 SDS 掺量为 20 wt％和 30 wt％时,孔得数量显著增加。样品 OPC 和 S2 的孔隙含量保持在较低水平,当 SDS 含量为

10 wt%时,水化产物对水泥的孔隙存在明显的填充作用。四组样品的孔隙含量变化与 3.5 节 MIP 分析孔结构结果一致。

显然,SDS 在水泥水化过程中的微观结构特征可以总结为:(a) SDS 的使用促进了 C—H 晶体的生成,加速了 C—S—H 凝胶的形成;(b) 适量的 SDS 与周围的 C—S—H 凝胶紧密结合,改善了水泥浆体的力学性能;(c) 过量的 SDS 提高了水泥浆体的孔隙度,SDS 颗粒之间水化产物少,结合力差,强度降低。

图 3-23　S6 试样水化 3 d 的微观形貌

图 3-24　S6 试样水化 28 d 的微观形貌

3.8　改性沙漠砂微粉的作用机理分析

本章研究了毛乌素沙漠砂中细颗粒作为辅助胶凝材料（SCMS）对普通硅酸盐水泥水化性能的影响。SDS 具有较细、较光滑、Cl 和碱性氧化物含量较高的特点，在一定程度上与高炉渣、硅质粉煤灰和石灰石粉料具有相似的物理化学特性。随着 SDS 掺量的增加，试样在水化 3 d、7 d、28 d 的抗压强度分别呈现先升高后降低的变化规律，引入 SDS 的抗压强度的变化规律与 SCMs 对水泥的影响规律相似。当使用 SDS 替代部分水泥时，由于 SDS 对水泥水化的促进作用，早期水化状态下水泥基材料的累计孔隙体积和孔隙率显著降低。适量的 SDS 颗粒作为滚珠，可以减少水泥颗粒之间的摩擦，改善水泥浆体的微观结构。而且，水泥浆体中产生的大孔隙可划分为小而不连通的孔隙，有利于形成凝胶孔等细孔隙，减小水泥浆体的累计孔隙体积。SDS 中的活性颗粒（主要由 SiO_2 组成，包括 Fe_2O_3、Al_2O_3、CaO、MgO、K_2O 和 Na_2O 等碱性氧化物）在水泥水化形成 C—H 的碱性环境中会产生火山灰效应，从而加速水泥水化反应，形成高碱度的 C—S—H。同时，形成的 C—S—H 进一步与二氧化硅发生反应，生成碱度更低、形状更稳定的 C—S—H。过量的 SDS 提高了水泥浆体的孔隙度，SDS 颗粒之间水化产物少，结合力差，强度降低。

3.9　本章小结

本章系统研究了过筛沙漠砂掺量对普通硅酸盐水泥水化过程的影响。与原始沙漠砂不同，筛分处理后获得的 SDS 颗粒更加光滑，粒径分布特征与水泥较为相似。SDS 的化学组成也发生了明显的变化，SiO_2 的含量从 71.54% 下降到 34.54%。Fe_2O_3、Al_2O_3、CaO、MgO、K_2O、Na_2O 等碱性氧化物的总含量由 27.5% 提高到 56.13%。与传统的矿渣、硅质粉煤灰、石灰石粉等外加剂相比，SDS 在物理和化学性质上有许多相似之处。

在水泥硬化初期，在 0～30 wt% 的掺量范围内，SDS 对水泥抗压强度均有积极的促进作用。在硬化后期，能提高抗压强度的 SDS 含量范围明显缩小（0～15 wt%）。综上所述，SDS 作为补充胶凝材料的适宜用量范围为 10～15 wt%。

在本研究中,SDS 的使用可以促进水泥早期 60 h 的水化。但随着 SDS 用量的增加,SDS 对水泥水化的促进作用减弱。掺入 SDS 的水泥的放热速率表现出与纯水泥相似的 4 个水化阶段,但各阶段的开始和结束时间以及放热速率发生了显著变化。

SDS 的使用促进了 C—H 晶体的生成,加速了 C—S—H 凝胶的形成,从而优化了孔隙结构。适量的 SDS 与周围的 C—S—H 凝胶紧密结合,提高了水泥浆体的力学性能。过量的 SDS 提高了水泥浆体的孔隙度,SDS 颗粒之间水化产物少,结合力差,降低了水泥浆体的抗压强度。

参考文献

[1] BP. BP statistical review of world energy 2020 [DB/OL] . (2023-6-26)[2023-09-24]. http://www. bp. com/en/global/corporate/energy-economics/statistical-review-of-world-energy/downloads. html, 2020.

[2] Zheng Z. Re-calculation of responsibility distribution and spatiotemporal patterns of global production carbon emissions from the perspective of global value chain [J]. Science of the Total Environment, 2021, 773. (15):145065

[3] Sousa V, Bogas J A. Comparison of energy consumption and carbon emissions from clinker and recycled cement production [J]. Journal of Cleaner Production, 2021, 306. (15):127277

[4] Costa F N, Ribeiro D V. Reduction in CO_2 emissions during production of cement, with partial replacement of traditional raw materials by civil construction waste (CCW) [J]. Journal of Cleaner Production, 2020, 276. (10):123302

[5] Cadavid-Giraldo N, Velez-Gallego M C, Restrepo-Boland A. Carbon emissions reduction and financial effects of a cap and tax system on an operating supply chain in the cement sector [J]. Journal of Cleaner Production, 2020, 275. (1):122583

[6] Hou H, Feng X, Zhang Y, et al. Energy-related carbon emissions mitigation potential for the construction sector in China [J]. Environmental Impact Assessment Review, 2021, 89. :106599

[7] Cheung J, Jeknavorian A, Roberts L, et al. Impact of admixtures on the hydration kinetics of Portland cement [J]. Cement and Concrete Research, 2011, 41(12): 1289-1309.

[8] Trong-Phuoc H, Hwang C-L, Limongan A H. The long-term creep and shrinkage

behaviors of green concrete designed for bridge girder using a densified mixture design algorithm [J]. Cement & Concrete Composites, 2018, 87: 79-88.

[9] Deschner F, Winnefeld F, Lothenbach B, et al. Hydration of Portland cement with high replacement by siliceous fly ash [J]. Cement and Concrete Research, 2012, 42(10): 1389-1400.

[10] Vance K, Aguayo M, Oey T, et al. Hydration and strength development in ternary portland cement blends containing limestone and fly ash or metakaolin [J]. Cement & Concrete Composites, 2013, 39: 93-103.

[11] Jia Z, Chen C, Shi J, et al. The microstructural change of C—S—H at elevated temperature in Portland cement/GGBFS blended system [J]. Cement and Concrete Research, 2019, 123:105773

[12] Jia Z, Cao R, Chen C, et al. Using in-situ observation to understand the leaching behavior of Portland cement and alkali-activated slag pastes [J]. Composites Part B-Engineering, 2019, 177.(15):107366

[13] Jia Z, Chen C, Zhou H, et al. The characteristics and formation mechanism of the dark rim in alkali-activated slag [J]. Cement & Concrete Composites, 2020, 112:103682

[14] Cao R, Jia Z, Zhang Z, et al. Leaching kinetics and reactivity evaluation of ferronickel slag in alkaline conditions [J]. Cement and Concrete Research, 2020, 137:106202

[15] Schoeler A, Lothenbach B, Winnefeld F, et al. Hydration of quaternary Portland cement blends containing blast-furnace slag, siliceous fly ash and limestone powder [J]. Cement & Concrete Composites, 2015, 55: 374-382.

[16] Juenger M C G, Siddique R. Recent advances in understanding the role of supplementary cementitious materials in concrete [J]. Cement and Concrete Research, 2015, 78: 71-80.

[17] Voglis N, Kakali G, Chaniotakis E, et al. Portland-limestone cements. Their properties and hydration compared to those of other composite cements [J]. Cement & Concrete Composites, 2005, 27(2): 191-196.

[18] Ramezanianpour A M, Hooton R D. A study on hydration, compressive strength, and porosity of Portland-limestone cement mixes containing SCMs [J]. Cement & Concrete Composites, 2014, 51: 1-13.

[19] Shi Z, Lothenbach B, Geiker M R, et al. Experimental studies and thermodynamic modeling of the carbonation of Portland cement, metakaolin and limestone mortars [J]. Cement and Concrete Research, 2016, 88: 60-72.

［20］Martin L H J，Winnefeld F，Mueller C J，et al．Contribution of limestone to the hydration of calcium sulfoaluminate cement［J］．Cement & Concrete Composites，2015，62：204-211.

［21］Lothenbach B，Le Saout G，Gallucci E，et al．Influence of limestone on the hydration of Portland cements［J］．Cement and Concrete Research，2008，38(6)：848-860.

［22］Zhuang S，Wang Q．Inhibition mechanisms of steel slag on the early-age hydration of cement［J］．Cement and Concrete Research，2021，140.

［23］Wang X，Ni W，Li J，et al．Carbonation of steel slag and gypsum for building materials and associated reaction mechanisms［J］．Cement and Concrete Research，2019，125：105893

［24］Niu Q L，Feng N Q，Yang J，et al．Effect of superfine slag powder on cement properties［J］．Cement and Concrete Research，2002，32(4)：615-621.

［25］Liu B J，Xie Y J，Zhou S Q，et al．Influence of ultrafine fly ash composite on the fluidity and compressive strength of concrete［J］．Cement and Concrete Research，2000，30(9)：1489-1493.

［26］Chen J J，Li L G，Ng P L，et al．Effects of superfine zeolite on strength，flowability and cohesiveness of cementitious paste［J］．Cement & Concrete Composites，2017，83：101-110.

［27］Alhozaimy A，Jaafar M S，Al-Negheimish A，et al．Properties of high strength concrete using white and dune sands under normal and autoclaved curing［J］．Construction and Building Materials，2012，27(1)：218-222.

［28］付杰．毛乌素沙地砂高强混凝土力学性能及抗冻特性研究［D］．宁夏大学，2017.

［29］付杰，马菊荣，刘海峰．粉煤灰掺量和沙漠砂替代率对沙漠砂混凝土力学性能影响［J］．广西大学学报(自然科学版)，2015，40(01)：93-98.

［30］李志强，王国庆，杨森，等．沙漠砂混凝土力学性能及应力-应变本构关系试验研究［J］．应用力学学报，2019，36(05)：1131-1137+1261.

［31］李志强，杨森，唐艳娟，等．高掺量沙漠砂混凝土力学性能试验研究［J］．混凝土，2018，(12)：53-56.

［32］刘海峰，付杰，马菊荣，等．沙漠砂高强混凝土力学性能研究［J］．混凝土与水泥制品，2015，(02)：21-24+28.

［33］杨维武，陈云龙，刘海峰，等．沙漠砂高强混凝土力学性能研究［J］．混凝土，2014，(11)：100-102.

［34］Liu Y，Li Y，Jiang G．Orthogonal experiment on performance of mortar made with dune sand［J］．Construction and Building Materials，2020，264. (20)：120259

[35] Li Y, Zhang H, Liu X, et al. Time-Varying Compressive Strength Model of Aeolian Sand Concrete considering the Harmful Pore Ratio Variation and Heterogeneous Nucleation Effect [J]. Advances in Civil Engineering, 2019, 2019:5485630

[36] Kaufmann J. Evaluation of the combination of desert sand and calcium sulfoaluminate cement for the production of concrete [J]. Construction and Building Materials, 2020, 243. (20):118281

[37] 卢科周, 孙江云, 金宝宏. 沙漠砂不同取代率对混凝土早期开裂的影响 [J]. 混凝土, 2016, (09): 150-152.

[38] 吕剑波, 刘宁, 刘海峰. 高温后沙漠砂混凝土抗压强度研究 [J]. 混凝土, 2017, (07): 129-133.

[39] Jin B, Song J, Liu H. Engineering characteristics of concrete made of desert sand from Maowusu sandy land [C]. The 2nd International Conference on Civil Engineering, Architecture and Building Materials (CEABM 2012), 2012.

第4章

沙漠砂作为细骨料对水泥基材料孔结构的影响研究

混凝土是一个多相多孔体系,其内部的孔结构对混凝土的性能有重要的影响[1-4],如混凝土的强度、变形行为、吸水性、抗冻性、渗透性以及耐久性等[5]。孔结构对水泥混凝土的影响早已被重视,被认为是影响混凝土宏观行为的重要原因。随着科研活动的开展[6-8],人们发现孔隙率的增加降低了混凝土的强度,但这种效应的大小在很大程度上取决于孔的尺寸、形状和空间位置分布。随着孔结构研究的深入,越来越多的理论和方法被引入到孔结构的研究中。目前常用的测孔方法有光学法、汞压力法(MIP)、等温吸附法和 X 射线小角度散射等[5]。如今已有很多孔隙度-强度关系被提出,Chen et al.[9]利用郑氏多孔材料模型评价了水泥砂浆孔隙度与水泥砂浆强度的关系,并解释了孔隙度对混凝土强度的影响规律,水泥砂浆的抗压强度与间接拉伸(裂拉和弯曲)强度的比率并不稳定,但与孔隙率有关,该比率随水泥砂浆孔隙率值的增加而减小。汞压力法(MIP)是目前用得最多且有效的研究孔级配的方法。通过进行 MIP 测试,BU 等人[10]开发了一种将抗压强度与相关的孔隙结构特征联系起来的统计模型,结果表明,除了孔隙度外,孔隙结构也是影响混凝土抗压强度的重要因素。基于 MIP 测试和分形模型,Jin 等人[11]得到了水泥砂浆孔隙表面的分形维数与孔隙特征参数的关系,为了提高混凝土的强度,通常需要调整混凝土的孔隙结构。Liu 等人[12]采用压汞法测试了水下非分散混凝土的孔隙结构,揭示了孔隙结构与混凝土渗透性的关系,研究表明,矿渣粉的加入改善了水下非分散混凝土的孔径分布,降低了孔隙率,并使混凝土结构更加紧凑,有利于在宏观上提高混凝土的抗渗性能。但汞压力法可测孔的直径范围通常为 5 nm～750 μm,孔径大于此范围的孔隙无法被测量到[5]。

X 射线计算机断层成像(X-ray Computed Tomography)简称 X-CT,是以 X 射线为能量源通过计算机重构获取物体内部结构图像的一种无损检测技术。目前,用于水泥基材料微观结构研究的 X-CT,根据分辨率的高低,可分为微米 CT(分辨率为 μm 像素级别)和纳米 CT(分辨率为 nm 像素级别)两种。近年来,X-CT 逐渐被应用到建筑材料领域的研究中,如水泥的水化、孔结构的表征、砂浆界面过渡区、纤维在混凝土中的几何分布、硫酸盐侵蚀、钢筋锈蚀、碳化、冻融损伤、裂缝等[13-20]。Jun 等人[21]利用 X-CT 研究了孔结构分形维数与孔结构参数的关系,介绍了基于 MATLAB 的分形维数的计算方法。Wang 等人[22]用 X 射线 CT 技术研究了 UHPC 样品中钢纤维和气泡的空间分布。Kang[23]采用 X 射线计算机断层扫描和压汞法两种方法研究了 UHPC 在 3 nm～10 mm(直径)范围内的孔隙结构,研究发现,由于可测孔隙尺度的不同,每种方法提供的总孔隙度和孔径分布也不同。

孔结构对混凝土的力学性能有很大的影响,本章采用压泵法(MIP)和微米级 X 射线断层扫描(μX-CT)技术共同研究不同沙漠砂含量的纤维增强水泥基复合材料的孔结构,MIP 技术主要用于测量孔径在 1 nm～500 μm 的孔,μX-CT 技术主要用于测量孔径在 200 μm 以上的大孔。研究孔结构对沙漠砂复合纤维增强水泥基材料力学性能的影响,评估沙漠砂对纤维增强水泥基复合材料孔结构的影响。

4.1　材料的制备

4.1.1　原材料

本章使用的水泥为 42.5 级普通硅酸盐水泥(P. O 42.5 水泥,OPC),水泥的化学组分如表 4-1 所示。钢纤维长度为 13 mm,纤维直径为 0.2 mm,纤维长径比为 65,抗拉强度大于 2 850 MPa。本章所用沙漠砂为毛乌素沙漠砂,细度模数为 0.254,含泥量为 0.25%。河砂细度模数为 2.2～2.5,含泥率为 1.5%。本章所用拌合水为去离子水。

表 4-1　水泥的化学成分

种类	化学成分/%							
	CaO	SiO_2	Al_2O_3	MgO	Fe_2O_3	Na_2O	SO_3	烧失率
水泥	61.54	15.40	4.43	0.72	4.91	0.04	2.75	2.24

4.1.2　制备方法

不同配合比纤维增强水泥基材料的原材料组成见表 4-2。将水泥和钢纤维混合在一起,用搅拌机搅拌均匀,加入沙漠砂(河砂)搅拌均匀,添加去离子水,机械搅拌 8~10 min,直到搅拌均匀,即可获得纤维增强水泥基复合材料浆体。装模和振动后进行标准养护。标准养护具体是指试块成型 24 h 后,将模具拆下,在标准养护室内养护 28 d。标准养护室的室温应保持在 20℃,湿度不应低于 95%。试样为 40 mm×40 mm×40 mm 的立方体和直径 100 mm 高 50 mm 的圆柱体,养护结束后进行抗压强度、压汞法和 μX-CT 测试,平均每组三块。

表 4-2　纤维增强水泥基材料的配合比设计 (质量比)

组	水泥	钢纤维	沙漠砂替代率%	沙漠砂	河砂	去离子水
1	1	0.30	0	—	1.2	0.45
2	1	0.30	25	0.3	0.9	0.45
3	1	0.30	50	0.6	0.6	0.45
4	1	0.30	75	0.9	0.3	0.45
5	1	0.30	100	1.2	—	0.45

4.2　力学性能研究

4.2.1　试验方法

在本文中,力学性能以抗压强度的形式表示。系统研究了沙漠砂(替代量为 0、25 wt.%、50 wt.%、75 wt.%和 100 wt.%)在水化 3 d、7 d 和 28 d 后的纤维增强砂浆的抗压强度。根据 ASTM C109 测定 50 mm 立方体在 23±2℃饱和石灰水中储存的抗压强度,并在水化 3 d、7 d 和 28 d 进行测试。

在每个时间段,最终的抗压强度数据是三个平行样本的平均值。

4.2.2　结果与讨论

五组纤维增强水泥基材料水化 3 d、7 d 和 28 d 后的抗压强度如图 4-1 所示。五组试样的抗压强度随养护龄期的增加而增大,在相同养护时间,抗压强度随沙漠砂替代率的增加先增大后减小。沙漠砂的使用显著提高了纤维增强水泥基材料的抗压强度,养护 7 d 时,所有样品的强度均高于纯河砂样品。养护 28 d 时,与纯河砂纤维增强水泥基材料相比,沙漠砂替代率为 25 wt.％、50 wt.％、75 wt.％和 100 wt.％时的纤维增强水泥基材料抗压强度增量分别为 8.61％、11.90％、8.96％和 2.28％。结果表明,不同沙漠砂替代率的纤维增强水泥基材料力学性能均优于纯河砂纤维增强水泥基材料,且改善效果先增大后减弱。纤维增强水泥基材料的抗压强度在沙漠砂替代率为 50％时最高。

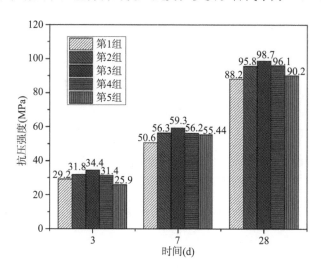

图 4-1　纤维增强水泥基材料的力学性能变化

4.3　基于 MIP 技术的孔结构研究

4.3.1　试验方法

为了了解不同沙漠砂用量对水泥水化过程孔隙结构的影响,采用 MIP 法对水化 28 d 的样品进行了表征。在测试中,从原始样品中切割出大约 5 mm×5 mm×5 mm 的小立方体样品。这种尺寸的样品几乎填满了渗透计,这需要更少的汞来填充渗透计。由于减少了汞的压缩性效应和提高了密度测量的准确性,使用大的单个样品促进了整个分析过程的准确性。为了去除水分,样品在真空烘箱中于 50 ℃下干燥 48 h。MIP 测试采用 AutoPore IV 9510 压汞孔隙度仪进行。

4.3.2　结果与讨论

表 4-3 为基于 MIP 测试得到的五组纤维增强水泥基材料的孔隙特征数据。由表 4-3 可知,与纯河砂纤维增强水泥基材料相比,沙漠砂对河砂的替换,对纤维增强水泥基材料的孔隙率及累计孔体积产生了明显的影响。25 wt.%、50 wt.%、75 wt.% 和 100 wt.% 沙漠砂替代率的纤维增强水泥基材料孔隙率增量分别为 5.87%、−5.3%、15.22%、17.03%。随着沙漠砂掺量的增加,纤维增强水泥基材料的孔隙率和累计孔体积在整体上呈先降低后增加的趋势。当沙漠砂掺量为 50% 时,因沙漠砂颗粒直径较小,充分且随机地填充在纤维增强水泥基材料内部结构各个孔隙中,从而大大提高了密实度,孔隙率与累计孔体积均取得最小值,最小孔隙率为 12.588 8%,最小累计孔体积为 0.066 2 mL/g。

表 4-3　不同配合比下纤维增强水泥基材料孔隙率及累计孔隙体积

	第 1 组	第 2 组	第 3 组	第 4 组	第 5 组
孔隙率	13.301 3%	14.082 1%	12.588 8%	15.325 9%	15.567 5%
累计孔体积	0.067 2 mL/g	0.072 9 mL/g	0.066 2 mL/g	0.091 5 mL/g	0.079 8 mL/g
平均孔径	40 625	40 606	40 598	40 618	40 630

图 4-2 为 5 组纤维增强水泥基材料的孔径分布积分曲线。从图可见,第 4、5 组相对第 1~3 组来说孔径分布情况较差。图 4-2(a) 为五组纤维增强水泥基材料对比,可以看出五组纤维增强水泥基材料的孔径变化主要分布在 1~100 nm 以及 150 μm 以上的范围内。将孔径在 0~100 nm 的孔单独分析,如图 4-2(b) 所示,第 1~3 组的孔隙结构在此范围内基本相同,而第 4 组和第 5 组的累计孔体积较大,第 4 组的孔径在 8 nm 和 25 nm 左右达到峰值,第 5 组的孔径在 4 nm 和 40 nm 左右达到峰值,由于孔径为 20 nm 以下的孔

趋于无害,故在此不做具体分析。第5组的峰所对应的孔径大于第4组所对应的峰,孔径越大对纤维增强水泥基材料性能的有害程度越大,且第5组在峰值处的累计体积也更大,在一定程度上对第5组纤维增强水泥基材料的性能会造成影响。

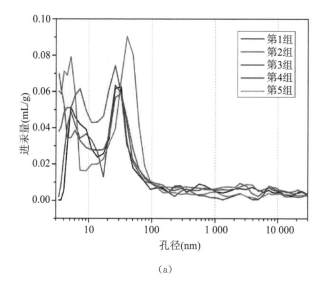

(a)

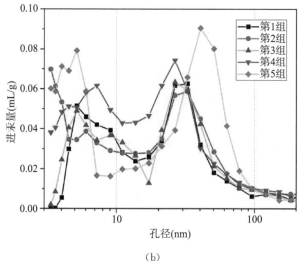

(b)

图4-2　各组纤维增强水泥基材料的粒径分布曲线

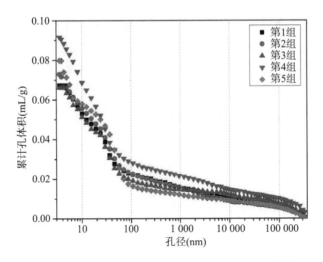

图 4-3　各组纤维增强水泥基材料的累计孔体积分布曲线

根据吴中伟院士根据不同孔径对混凝土性能的影响提出的孔级划分的概念,孔径在 20 nm 以下的孔被称为无害孔,孔径在 20 nm～50 nm 的孔被称为少害孔,孔径在 50 nm～200 nm 的孔级被称为有害孔,孔径在 200 nm 以上的孔被称为多害孔。图 4-3 为 5 组纤维增强水泥基材料累计孔体积分布曲线。从图可见,纤维增强水泥基材料的累计孔体积减小,表明纤维增强水泥基材料孔结构中的孔含量减少,孔径分布越小表明纤维增强水泥基材料的孔更趋于无害孔。当沙漠砂替代率为 75 wt％时,纤维增强水泥基材料中无害孔、少害孔、有害孔和多害孔的累计孔体积明显增加,这表明第 4 组纤维增强水泥基材料的孔结构特征较差,对纤维增强水泥基材料的力学性能会造成负面影响。当沙漠砂替代率为 0～50 wt％时,沙漠砂纤维增强水泥基材料的孔结构较纯河砂纤维增强水泥基材料有明显改善作用。

4.4　基于 X-CT 技术二位切片数据的孔结构研究

4.4.1　数据处理方法

本研究使用 Siemens Somatom Sensation 40 CT 设备获取 5 组纤维增强水泥基材料的空间分布及细观结构信息。该 X 射线 CT 系统基于锥束扫描技术,包括 240 kV/320 W 微聚焦 X 射线源,分辨率为 1 lm,焦点与样品之间的最小距离为 4.5 mm,标称分辨率小于 2 lm 的辐射探测器,用于支持测试样品的五轴旋转台。实验采用 190 kV 电压,0.45 mA 电流值,生成的体素尺寸为 0.1 mm。CT 系统准备好后,将测试的圆柱形纤维增强水泥基材料用密度较低的泡沫塑料底座固定在旋转台上。为了在采集系统中均匀地接收 X 射线辐射光束,每个样品在 2 h 的扫描过程中不断旋转,并自动上下移动。

　　在计算图像平面孔隙率之前,须先对获取的 CT 图像进行二值化处理,然后利用 IPP 6.0 软件对二值化处理后的图像孔隙和颗粒像素个数进行统计,以计算平面孔隙率。图 4-4 显示了 CT 图像分析的主要过程,经过图像处理后,可以得到孔隙总面积,并通过方程式(4-1)计算平面孔隙率。

$$\rho = \frac{S_{pore}}{S} \times 100\% \qquad (4-1)$$

　　式中,分子表示图像中孔隙的总面积,S 表示 CT 图像中纤维增强水泥基材料样品切片的面积。另一方面,从纤维增强水泥基材料上端开始以 1 mm 为间隔将纤维增强水泥基材料分成 50 组。计算每组纤维增强水泥基材料的孔隙率,以研究纤维增强水泥基材料内部不同位置的孔结构特征。

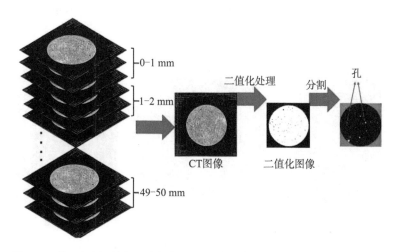

图 4-4　基于 CT 切片数据进行纤维增强水泥基材料孔结构分析的主要过程

4.4.2 结果与讨论

  图 4-5～图 4-9 展示的是五组纤维增强水泥基材料底部、中间段以及上端的孔结构图像,图中白色区域表示孔隙。从图中可以观察到,受制备时振动的影响,纤维增强水泥基材料中的孔主要集中在试件中部及上部。越靠近试块上部孔的直径越大,孔的数量也更多。虽然通过图像可以在一定程度上对纤维增强水泥基材料中的孔结构做出分析,但是无法完整的得到最直观的视觉效果以及定性、定量的分析结果。

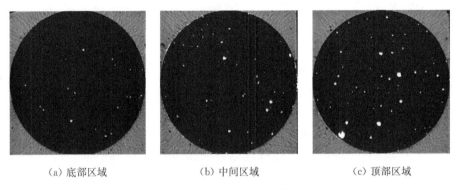

  (a) 底部区域   (b) 中间区域   (c) 顶部区域

图 4-5　基于 CT 切片数据的第 1 组纤维增强水泥基材料孔结构

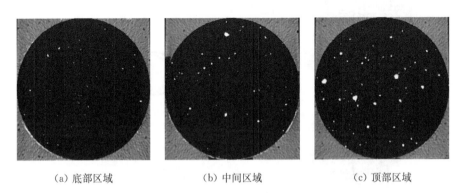

  (a) 底部区域   (b) 中间区域   (c) 顶部区域

图 4-6　基于 CT 切片数据的第 2 组纤维增强水泥基材料孔结构

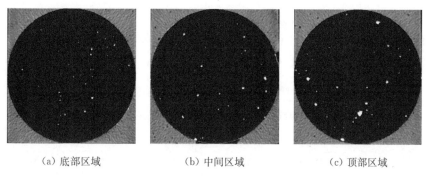

(a) 底部区域　　　　　　(b) 中间区域　　　　　　(c) 顶部区域

图 4-7　基于 CT 切片数据的第 3 组纤维增强水泥基材料孔结构

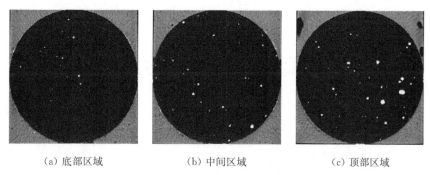

(a) 底部区域　　　　　　(b) 中间区域　　　　　　(c) 顶部区域

图 4-8　基于 CT 切片数据的第 4 组纤维增强水泥基材料孔结构

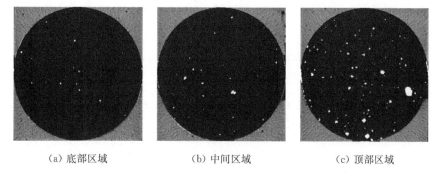

(a) 底部区域　　　　　　(b) 中间区域　　　　　　(c) 顶部区域

图 4-9　基于 CT 切片数据的第 5 组纤维增强水泥基材料孔结构

　　五组纤维增强水泥基材料不同深度范围的孔隙率如表 4-4 所示。由表 4-4 分析可知,不同沙漠砂掺量的纤维增强水泥基材料在不同深度的孔隙率在 0.73%～4.00% 之间。在控制沙漠砂掺量不变的情况下,随着深度的增加,孔隙率呈逐渐降低的趋势。可以明显看出,孔隙率:上部>中部>下部。

随着沙漠砂掺量的增加,孔隙率先降低后又升高,孔隙率降低说明纤维增强水泥基材料的孔结构得到了优化。第3组纤维增强水泥基材料的孔隙率最低,相对于纯河砂纤维增强水泥基材料减少了30%,说明适量沙漠砂的加入显著改善了纤维增强水泥基材料的孔结构。

表4-4　5组纤维增强水泥基材料在不同深度的孔隙率

距离上表面	孔隙率/%				
	第1组	第2组	第3组	第4组	第5组
0～1 mm	3.41	3.04	2.72	2.85	3.15
1～2 mm	3.34	3.37	2.53	2.70	3.12
2～3 mm	3.58	3.34	2.69	2.74	3.45
3～4 mm	3.62	3.17	2.70	3.19	3.41
4～5 mm	3.88	3.26	2.61	3.21	3.29
5～6 mm	3.56	3.11	2.70	3.20	3.13
6～7 mm	3.45	2.97	2.66	3.33	3.27
7～8 mm	3.41	2.99	2.91	2.89	2.91
8～9 mm	3.51	2.96	2.69	3.04	3.79
9～10 mm	3.55	2.84	3.21	2.74	3.96
10～11 mm	3.50	2.74	2.63	2.83	4.00
11～12 mm	3.56	2.79	2.65	2.98	3.74
12～13 mm	3.34	2.99	2.74	2.90	3.27
13～14 mm	3.59	3.12	2.50	2.96	2.97
14～15 mm	3.45	3.05	2.65	3.02	2.90
15～16 mm	3.56	2.65	2.25	1.92	2.53
16～17 mm	3.55	2.75	2.36	1.71	2.49
17～18 mm	3.23	2.99	2.71	2.57	2.42
18～19 mm	3.26	3.01	1.60	2.58	3.14
19～20 mm	3.10	2.91	1.51	1.79	3.05
20～21 mm	2.77	2.90	1.79	1.60	2.99
21～22 mm	2.78	2.81	1.65	1.92	2.60

距离上表面	孔隙率/%				
	第1组	第2组	第3组	第4组	第5组
22～23 mm	2.51	2.86	1.95	2.33	2.53
23～24 mm	2.65	2.65	2.26	1.79	2.42
24～25 mm	2.61	2.61	1.89	1.60	2.73
25～26 mm	2.78	2.65	1.60	1.92	2.51
26～27 mm	2.49	1.98	1.95	2.10	2.68
27～28 mm	2.80	1.65	2.25	2.45	2.82
28～29 mm	2.75	2.56	2.22	2.41	2.65
29～30 mm	2.56	2.48	2.26	1.69	2.50
30～31 mm	2.78	2.40	2.03	1.71	2.81
31～32 mm	2.30	1.95	1.69	1.51	2.77
32～33 mm	2.56	1.85	1.96	1.43	2.95
33～34 mm	2.48	1.86	1.06	1.79	2.80
34～35 mm	2.95	1.56	1.05	1.46	2.58
35～36 mm	2.54	1.59	1.28	1.20	2.70
36～37 mm	2.39	1.48	1.19	1.57	2.06
37～38 mm	2.30	1.33	1.26	1.57	2.05
38～39 mm	2.56	1.43	1.15	1.07	2.58
39～40 mm	1.96	1.08	1.12	1.39	2.70
40～41 mm	1.89	1.12	1.29	1.62	2.06
41～42 mm	1.41	1.26	1.35	1.88	1.89
42～43 mm	1.30	1.26	1.04	2.29	1.64
43～44 mm	1.21	1.94	1.05	1.43	1.41
44～45 mm	1.32	1.55	1.03	1.27	1.36
45～46 mm	1.20	1.06	1.11	1.14	1.40
46～47 mm	1.04	1.05	1.03	1.01	1.25
47～48 mm	1.02	1.00	0.97	1.05	1.21
48～49 mm	0.89	0.85	0.74	0.74	0.96

续表

距离上表面	孔隙率/%				
	第1组	第2组	第3组	第4组	第5组
49～50 mm	0.74	0.73	0.69	0.73	0.75
试样顶部区域	3.51	3.02	2.68	2.91	3.30
试样中间区域	2.80	2.57	1.98	1.99	2.69
试样底部区域	1.76	1.33	1.13	1.37	1.91
平均	2.66	2.27	1.90	2.06	2.61

4.5 基于 X-CT 技术的三维建模孔结构研究

4.5.1 数据处理方法

基于 μX-CT 测试得到的连续切片,建立各组纤维增强水泥基材料的孔结构三维模型,并通过数值分析得到孔结构统计数据,这个过程将通过 Avizo 软件来完成,如图 4-10 所示。首先进行阈值的调整与选择,将孔隙从整体结构中分离出来,得到各组纤维增强水泥基材料孔结构的三维重建模型。并通过软件自带的数值分析功能得到孔结构统计数据,通过这些数据可以对纤维增强水泥基材料的孔结构进行定量分析。

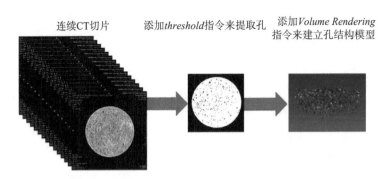

图 4-10 基于建模重构技术的纤维增强水泥基材料孔结构分析过程

4.5.2　结果与讨论

为了更加直观地对五组纤维增强水泥基材料的孔结构做出分析,利用 Avizo 软件进行阈值调整和数据分割,最终得到纤维增强水泥基材料的孔结构的三维模型。五组纤维增强水泥基材料孔结构的三维模型如图 4-11～图 4-15 所示,这里只能显示相对较大的孔隙,而不是全部。第 1、2、5 组的尺寸最大的孔已在图中标出。分析可知,当沙漠砂掺量由 0 增加到 50％时,随着沙漠砂掺量的增加,纤维增强水泥基材料孔隙总含量普遍降低,从总体上看,尺寸较大的孔的含量也明显减少,尺寸较小的孔的数量增多;当沙漠砂掺量由 50％增加到 100％时,随着沙漠砂掺量的增加,纤维增强水泥基材料孔隙总含量普遍升高,第 5 组中出现了五组纤维增强水泥基材料中尺寸最大的孔。纤维增强水泥基材料上端孔较为密集,且以大尺寸孔为主;纤维增强水泥基材料下端孔较为稀疏,为小尺寸孔。

通过 Avizo 软件导出五组纤维增强水泥基材料的孔径分布图,如图 4-11(c)～图 4-15(c)所示。可以发现,随着孔径的增大,孔的数量减少。当沙

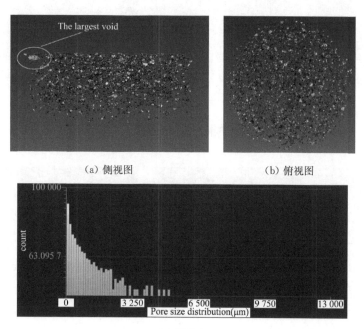

（a）侧视图　　　　　　　　　　　（b）俯视图

（c）孔分布

图 4-11　第 1 组纤维增强水泥基材料的孔结构三维模型与孔结构分布特征

漠砂掺量为 $0 \sim 75\%$ 时,孔径在 $3\,250\ \mu\mathrm{m}$ 以上孔的数量明显减少,沙漠砂的掺入减少了尺寸较大的孔的数量,改善了孔结构。而在沙漠砂掺量为 100% 时,尺寸较大孔的数量增多,最大孔径约为 $8\,000\ \mu\mathrm{m}$。

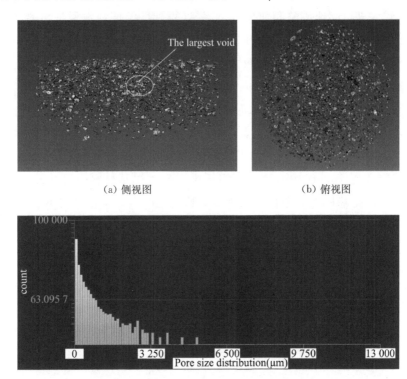

(a) 侧视图   (b) 俯视图

(c) 孔分布

图 4-12 第 2 组纤维增强水泥基材料的孔结构三维模型与孔结构分布特征

(a) 侧视图   (b) 俯视图

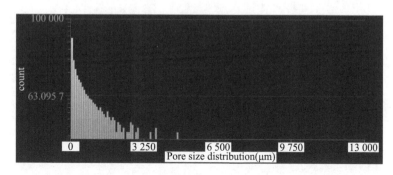

（c）孔分布

图 4-13　第 3 组纤维增强水泥基材料的孔结构三维模型与孔结构分布特征

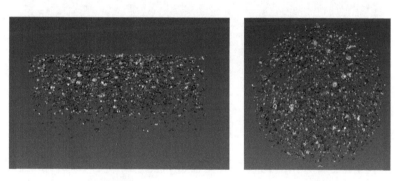

（a）侧视图　　　　　　　　　　　　（b）俯视图

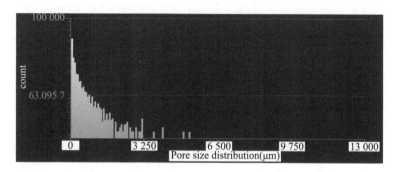

（c）孔分布

图 4-14　第 4 组纤维增强水泥基材料的孔结构三维模型与孔结构分布特征

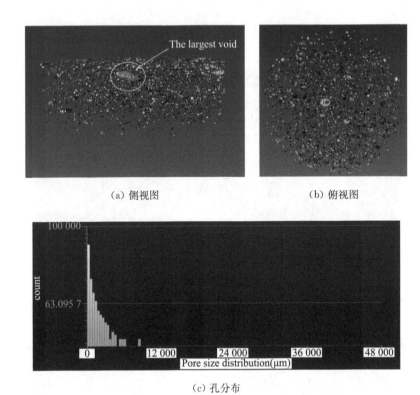

（a）侧视图　　　　　　　　　　（b）俯视图

（c）孔分布

图 4-15　第 5 组纤维增强水泥基材料的孔结构三维模型与孔结构分布特征

通过测量工具对孔结构模型的孔径进行测量并统计，统计结果表明：第 1 组纤维增强水泥基材料的孔径范围为 254.273 μm～4 959.207 0 μm，第 2 组纤维增强水泥基材料的孔径范围为 176.27 μm～4 883.869 1 μm，第 3 组纤维增强水泥基材料的孔径范围为 233.89 μm～3 485.765 9 μm，第 4 组纤维增强水泥基材料的孔径范围为 250.26 μm～3 695.517 2 μm，第 5 组纤维增强水泥基材料的孔径范围为 176.27 μm～8232.703 1 μm。可以发现，用 μX-CT 技术进行三维建模探明孔隙的最小直径约为 200 um，这个孔径范围内的孔主要为混凝土孔级分类中的多害孔，这些孔的产生主要是由于气泡或未充分水化等原因造成的，对混凝土强度的有害影响很大。在相同密度的情况下，孔径分布范围狭窄有利于增加纤维增强水泥基材料的强度，该孔隙结构明显有利于提高第 3 组纤维增强水泥基材料的强度。

表 4-5 为通过 Avizo 软件进行孔结构三维模型重建后获取的五组纤维增强水泥基材料孔结构信息。通过软件获取的信息可以进一步证实前文发现

的规律，掺入沙漠砂的纤维增强水泥基材料的孔隙率相对纯河砂纤维增强水泥基材料均有降低，第 3 组纤维增强水泥基材料（沙漠砂替代率为 50 wt％）孔隙率为最小值。虽然第 5 组纤维增强水泥基材料的孔隙率与第 3 组纤维增强水泥基材料基本相同，但第 5 组纤维增强水泥基材料的平均孔体积较大，大孔的数量要比第 3 组纤维增强水泥基材料多，而孔体积越大对纤维增强水泥基材料性能造成的有害影响更大，因此，可以合理推测，第 5 组纤维增强水泥基材料的强度要小于第 3 组纤维增强水泥基材料。

五组纤维增强水泥基材料的平均孔体积呈现先减小后增加的变化趋势，在沙漠砂替代率为 50％时有最小值 0.190 6 mm³，这意味着加入沙漠砂后纤维增强水泥基材料的孔结构得到了一定优化，小孔、微孔变多而大孔减少。五组纤维增强水泥基材料的最小孔体积基本相同，最大孔体积也基本上呈先减小后增加的变化趋势。随着沙漠砂掺量的增加，纤维增强水泥基材料中最大孔的体积明显降低，在沙漠砂替代率为 25 wt％、50 wt％、75 wt％时，纤维增强水泥基材料最大孔体积分别为纯河砂纤维增强水泥基材料的 75.6％、29.5％、17.9％，但在沙漠砂替代率为 100 wt％时，出现了一个非常大的气孔，体积达到 90.873 2 mm³，这可能是由于制备过程中振荡不均匀导致的，这个现象在第 3 组纤维增强水泥基材料的孔结构三维重建模型中也有体现。

表 4-5　基于 Avizo 获得纤维增强水泥基材料的孔结构特征信息

	第 1 组	第 2 组	第 3 组	第 4 组	第 5 组
孔隙率	2.02％	1.92％	1.84％	1.89％	1.85％
平均孔隙体积(mm³)	0.209 4	0.196 0	0.190 6	0.200 9	0.205 2
最小孔隙体积(mm³)	0.041 2	0.041 2	0.041 2	0.039 9	0.040 1
最大孔隙体积(mm³)	87.867 7	66.477 8	25.923 5	15.697 2	90.873 2

通过 Avizo 软件进行孔结构的三维模型重建后所得到的孔隙率与利用 IPP 软件计算的孔隙率变化趋势基本相同，数值不同可能是由于在进行孔结构三维模型重建时阈值的选择。因此，通过三维建模来进行纤维增强水泥基材料孔结构的分析是一种高效便捷的方式，不仅可以使纤维增强水泥基材料的孔结构变得可视化，更加直观地观察孔结构的变化，也可以通过软件中自带的数据分析方式来对纤维增强水泥基材料的孔结构进行定量的分析。

4.6　不同测试技术下沙漠砂对孔结构的影响分析

本章主要讨论分别由 MIP 和 μX-CT 两种方法测定的五组纤维增强水泥基材料的孔隙率。图 4-16 比较了两种方法测量的孔隙率,由于测定方法的不同,得到的孔隙率也不同。黑色折线为通过 Avizo 软件进行孔结构的三维模型的重建而得到的孔隙率。由 MIP 测量得到的纤维增强水泥基材料孔隙孔径变化分布在 1 nm～100 nm,主要为无害孔、少害孔和有害孔;由 μX-CT 测量得到的纤维增强水泥基材料孔隙孔径大于 200 μm,为混凝土孔径分类中的多害孔,且对混凝土力学性能的有害影响很大。

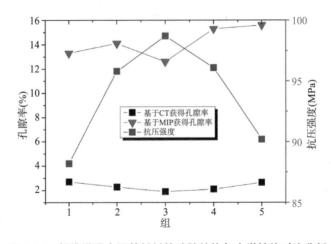

图 4-16　纤维增强水泥基材料的孔隙结构与力学性能对比分析

混凝土的孔结构对混凝土的力学性能有重要影响。随着沙漠砂掺量的增加,纤维增强水泥基材料的抗压强度呈现先增大后减小的趋势。基于 MIP 和 μX-CT 方法测得的孔隙率也在整体上呈现随着沙漠砂掺量的增加先减小后增大的趋势,与强度趋势相反。同时,其强度增量与孔隙率增量的发展趋势亦具有明显的相对性。当沙漠砂掺量为 50 wt% 时,MIP 方法测得纤维增强水泥基材料的孔隙率降低了 5.3%,在 μX-CT 方法下,通过计算平面孔隙率的平均值计算出的纤维增强水泥基材料总孔隙率降低了 30%,通过进行孔结构的三维模型重建得到的孔隙率降低了 8.91%,抗压强度增加了 11.90%,即沙漠砂的最佳替代率为 50 wt%。

4.7 本章小结

本章研究了沙漠砂对纤维增强水泥基材料的影响。随着沙漠砂掺量的增加，纤维增强水泥基材料的抗压强度先增加后下降。养护 28 d 后，25 wt％、50 wt％、75 wt％和 100 wt％沙漠砂替代量的纤维增强水泥基材料相对纯河砂纤维增强水泥基材料抗压强度的增量分别为 8.61％、11.90％、8.96％和 2.28％，沙漠砂掺量为 50 wt％时纤维增强水泥基材料的抗压强度达到峰值，为 98.7 MPa，这对于沙漠砂在纤维增强水泥基材料中的应用有着积极的作用。

MIP 和 μX-CT 技术被用来研究不同沙漠砂掺量的纤维增强砂浆的孔隙结构。MIP 技术测量到的孔径范围主要在 1 nm～500 000 nm，孔径变化主要分布在 1 nm～100 nm 以及 100 μm 以上的范围内，在 0～100 nm 孔径范围内的孔为无害孔、少害孔和有害孔。μX-CT 技术测量到的孔径范围大于 200 μm，这个孔径范围内的孔为多害孔，对混凝土强度的影响很大。由于测定方法的不同，得到的孔隙率也不同。为了使研究更加具有说服力，至少需要两种方法（MIP、μX-CT）来研究不同沙漠砂掺量的纤维增强砂浆的孔隙结构。

基于 μX-CT 技术，使用了两种方法来分析纤维增强水泥基材料的孔结构。第一种方法是通过计算每张 CT 图像的孔隙率得到了纤维增强水泥基材料不同深度处的孔隙率和总孔隙率，结果表明：在控制沙漠砂替代量不变的情况下，随着深度的增加，孔隙率呈逐渐降低的趋势；随着沙漠砂替代量的增加，孔隙率先降低后升高，沙漠砂替代量为 50 wt％时孔隙率最小，相对于纯河砂纤维增强水泥基材料减少了 30％，孔隙率降低说明纤维增强水泥基材料孔结构得到了优化。第二种方法是基于 Avizo 软件对纤维增强水泥基材料孔结构进行建模分析，得到了五组纤维增强水泥基材料孔结构的三维模型。通过三维模型可以看到孔的大小和数量等特征信息，可以更直观地对孔结构做出分析，也可以在软件中获取相关的孔结构信息，如孔隙率、平均孔体积等。通过三维建模获取的孔隙率与第一种方法获取的孔隙率的变化趋势基本相同，都在沙漠砂替代量为 50 wt％时纤维增强水泥基材料孔隙率取得最小值。

不同沙漠砂掺量的纤维增强水泥基材料的抗压强度随孔隙率的增大而

减小,且孔隙尺寸越大数量越多纤维增强水泥基材料的抗压强度越小。当沙漠砂替代量为 50 wt％时,通过两种方法测得的纤维增强水泥基材料孔隙率均取得最小值,抗压强度取得了最大值。孔结构的优化有效改善了纤维增强水泥基材料的微观结构,使纤维增强水泥基材料微观结构变得更加致密,提高了抗压强度。

参考文献

[1] Kearsley E P, Wainwright P J. The effect of porosity on the strength of foamed concrete [J]. Cement and Concrete Research, 2002, 32(2): 233-239.

[2] Kumar R, Bhattacharjee B. Porosity, pore size distribution and in situ strength of concrete [J]. Cement and Concrete Research, 2003, 33(1): 155-164.

[3] Lian C, Zhuge Y, Beecham S. The relationship between porosity and strength for porous concrete [J]. Construction and Building Materials, 2011, 25 (11): 4294 -4298.

[4] Marfisi E, Burgoyne C J, Amin M H G, et al. The use of MRI to observe fractures in concrete [J]. Magazine of Concrete Research, 2005, 57(2): 111-121.

[5] 廉慧珍,童良,陈恩仪. 建筑材料物相研究基础 [M]. 北京:清华大学出版社,1996: 105～130.

[6] O'Farrell M, Wild S, Sabir B B. Pore size distribution and compressive strength of waste clay brick mortar [J]. Cement & Concrete Composites, 2001, 23(1): 81-91.

[7] Shi C J. Strength, pore structure and permeability of alkali-activated slag mortars [J]. Cement and Concrete Research, 1996, 26(12): 1789-1799.

[8] Wen C E, Yamada Y, Shimojima K, et al. Compressibility of porous magnesium foam: dependency on porosity and pore size [J]. Materials Letters, 2004, 58(3-4): 357-360.

[9] Chen X, Wu S, Zhou J. Influence of porosity on compressive and tensile strength of cement mortar [J]. Construction and Building Materials, 2013, 40: 869-874.

[10] Bu J, Tian Z. Relationship between pore structure and compressive strength of concrete: Experiments and statistical modeling [J]. Sadhana-Academy Proceedings in Engineering Sciences, 2016, 41(3): 337-344.

[11] Jin S, Zhang J, Chen C, et al. Study of Pore Fractal Characteristic of Cement Mortar [J]. Journal of Building Materials, 2011, 14(1): 92-97,105.

[12] Liu F, Wang B, Wang M, et al. Analysis on Pore Structure of Non-Dispersible Underwater Concrete in Saline Soil Area [J]. Journal of Renewable Materials, 2021, 9(4): 723-742.

[13] Bossa N, Chaurand P, Vicente J, et al. Micro-and nano-X-ray computed-tomography: A step forward in the characterization of the pore network of a leached cement paste [J]. Cement and Concrete Research, 2015, 67:138-147.

[14] Chotard T J, Boncoeur-Martel M P, Smith A, et al. Application of X-ray computed tomography to characterise the early hydration of calcium aluminate cement [J]. Cement and Concrete Composites, 2003, 25(1):145-152.

[15] Gallucci E, Scrivener K, Groso A, et al. 3D experimental investigation of the microstructure of cement pastes using synchrotron X-ray microtomography (μCT) [J]. Cement and Concrete Research, 2007, 37(3):360-368.

[16] Promentilla M A B, Sugiyama T, Hitomi T, et al. Quantification of tortuosity in hardened cement pastes using synchrotron-based X-ray computed microtomography [J]. Cement and Concrete Research, 2009, 39(6):548-557.

[17] Sugiyama T, Promentilla M A B, Hitomi T, et al. Application of synchrotron microtomography for pore structure characterization of deteriorated cementitious materials due to leaching [J]. Cement and Concrete Research, 2010, 40(8):1265-127.

[18] Wang J, Dewanckele J, Cnudde V, et al. X-ray computed tomography proof of bacterial-based self-healing in concrete [J]. Cement and Concrete Composites, 2014, 53.

[19] 陈厚群, 丁卫华, 党发宁, 等. 混凝土 CT 图像中等效裂纹区域的定量分析 [J]. 中国水利水电科学研究院学报, 2006(01): 1-7.

[20] 田威, 党发宁, 丁卫华, 等. 适于 CT 试验的动态加载设备研制及其应用 [J]. 岩土力学, 2010, 31(01): 309-313.

[21] Fu J, Yu Y. Experimental Study on Pore Characteristics and Fractal Dimension Calculation of Pore Structure of Aerated Concrete Block [J]. Advances in Civil Engineering, 2019(2):1-11.

[22] Wang R, Gao X, Zhang J, et al. Spatial distribution of steel fibers and air bubbles in UHPC cylinder determined by X-ray CT method [J]. Construction and Building Materials, 2018, 160:39-47.

[23] Kang S H, Hong S G, Moon J. The effect of superabsorbent polymer on various scale of pore structure in ultra-high performance concrete [J]. Construction and Building Materials, 2018, 172:29-40.

第 5 章

水泥基材料中细骨料组成与空隙体系间的关系研究

　　现有的水泥基材料包括净浆、砂浆、混凝土等。而砂浆中纤维增强砂浆具有抗裂性高、韧性高、强度高、耐疲劳性能好等优势,其运用范围越来越广[4,5]。纤维增强砂浆的组成成分包括:纤维、硬化砂浆、孔[6,7]。孔结构会对纤维增强砂浆的力学与耐久性产生直接的影响。根据不同孔对砂浆的危害程度,可将孔结构细分为无害孔、少害孔和多害孔[8]。根据孔径大小,可以把混凝土中的孔分为四级,分别为凝胶孔、过渡孔、毛细孔和大孔,这是目前采用最广泛的一种分类方法,其中空隙(air void)对混凝土的影响极为重要。

　　空隙的比表面积、空隙的大小分布、空隙的总体积分布与空隙的间距因子定量确定都是对空隙系统的分析[12-14]。空隙的比表面积指的是空隙系统的总表面积除以其总体积,在混凝土中其范围必须在 $23.6\ \text{mm}^{-1} \sim 43.3\ \text{mm}^{-1}$ 之间,总孔隙率范围一般在 $1.5\% \sim 7.5\%$ 之间。由于空隙系统对混凝土体系的力学性能等方面具有很大的影响,故在实际研究中,对空隙系统的分析是极为重要的[15-18]。空隙含量可以用专门的空气计进行体积测量,也可以通过质量进行重量测量[19]。Sahin 等[20]利用空气孔隙分析仪(AVA)对新拌混凝土在砂浆上的孔隙系统进行了分析。一种被称为泡沫排水测试的技术已被用于评估实验室中新鲜膏体样品中空隙系统的潜在稳定性[21]。Ghafari 等[22]用压力法分别在 15 min 和 75 min 测量新拌混凝土中的空气含量,并使用 RapidAir 软件测定了硬化混凝土空隙率和气泡间距系数,由此初步确定空隙分布。

　　除了空隙体系的总体积以外,获得空隙系统的比表面积和大小分布则更为困难[23]。目前,一些先进的测试技术和数字图像处理方法可以对空隙体系参数进行定量的测定。采用扫描电子显微镜(SEM)或光学显微镜(OM)可对经过抛光处理的硬化混凝土二维(2D)截面的微观结构进行成像和检查[11,24,25]。再通过对数字图像的定量分析可得空隙的尺寸分布。然而,这些测试方法需要对试样进行切割、干燥、抛光等操作,从而会对试块造成一定程度的损伤,导致得到的空隙系统与试块实际的空隙系统出现差异[26]。除此之外,由于通过体视学分析对二维界面的分析是假设空隙为球形的,而实际上空隙的形状具有不确定性,在 2D 图像上看起来大小相似的两个圆可能属于直径非常不同的球体,故通过对二维(2D)截面的微观结构的测定来确定其三维(3D)特征的方法也可能存在一定误差[27-29]。X 射线计算机断层扫描(X-CT)是一种利用计算机重建技术获取物体内部结构图像的无损检测技术[30-32]。目前,X-CT 已被用于研究水泥基材料的微观结构,可确定空隙的总含量和空间大小分布。Wang 等[33]为了评估空隙率与骨料级配或混合料黏结剂之间的关系,使用 X-CT 扫描仪来量化混合料中的空隙率、空隙面积和空隙大小。Wong 等[34]利用计算机断层扫描(CT)技术研究了试样在达到极限抗压强度 85% 的不同加载状态下的空隙演化,用 CT 图像映射了标本内部的聚集空间分布。Wang 等人[35]利用 X-CT 技术研究了 UHPC 样品中钢纤维和气泡的空间分布。Li 等[36,37]利用 X-CT 技术研究了海水海砂高强混凝土被硫酸盐腐蚀过程中孔结构的变化,并建立了孔结构三维模型,进一步揭示了腐蚀机理。由于其无损、简便等优势,X-CT 技术正在越来越多地被用于空隙结构的研究。

　　沙漠砂颗粒与河砂颗粒相比具有表面相对光滑的特点,且沙漠砂的粒径分布相对集中,主要在 $100~\mu m \sim 200~\mu m$ 间,河砂的粒径分布则是在 $100~\mu m \sim 1~000~\mu m$ 的连续分布,主要颗粒粒径大于沙漠砂[38-41]。目前,学者们在沙漠砂混凝土的各类性质与应用方面的研究取得了很大的进展。在之前的研究中[51],我们通过建立整体空隙(air void)含量与标准砂比表面积(Specific Surface Area-SSA)的关系,计算并比较了二维圆直径分布和三维球直径分布,使用球面调和函数(SH)来评估单个空隙的实际形状特征。最终分析了细集料粒径和掺配比例对砂浆中空隙系统(air void system)形成的影响,并取得了良好效果。但是对于实际工程用砂以及多种砂混合使用时对砂浆中空隙系统的影响尚未开展研究。本章假设细骨料的组成确实会影响空隙系统,通过混合使用河砂与沙漠砂作为高强度纤维增强砂浆的细骨料,从而制备出不同细骨料组成的砂浆。首先测试不同组成的细骨料粒径分布并对其 SSA 进行近似计算,采用 X-CT 技术测量各不同细骨料组成的砂浆的空隙系统,建立空隙含量与砂子 SSA 的关系。为了测量空隙大小分布,计算并比较了二维圆直径分布和三维球直径分布,最终研究细骨料组成与高强度纤维增强砂浆空隙系统的关系,并分析沙漠砂的使用对高强纤维增强砂浆空隙系统的影响。

5.1 材料的制备

5.1.1 原材料

本章使用的水泥为 42.5 级普通硅酸盐水泥(P. O 42.5 水泥,OPC)。水泥的表观密度为 3 310 kg/m³。水泥的氧化物成分通过 X 射线荧光测定,并列于表 5-1 中。钢纤维长度为 13 mm,纤维直径为 0.2 mm,纤维长径比为 65,抗拉强度大于 2 850 MPa。本章使用的沙漠砂(DS)为毛乌素沙漠砂,细度模数为 0.254,密度为 2 776 kg/m³,未经清洗的含泥量为 0.25%。河砂的细度模数(RS)为 2.2~2.5,密度为 2 562 kg/m³,含泥量为 1.5%。本章使用的水为去离子水。

表 5-1 水泥的化学成分

	化学成分/%							
	CaO	SiO$_2$	Al$_2$O$_3$	MgO	Fe$_2$O$_3$	Na$_2$O	SO$_3$	烧失率
水泥	61.54	15.40	4.43	0.72	4.91	0.04	2.75	2.24

5.1.2 制备方法

水与水泥的质量比 W/C=0.45,水泥与砂的质量比 C/S=1.20。不同配合比高强纤维增强砂浆的原材料组成见表 5-2。

表 5-2 高强纤维增强砂浆的配合比设计(质量比)

	OPC	钢纤维	河砂	沙漠砂	河砂与沙漠砂比例	去离子水
M1	1	0.25	1.2	—	100%∶0	0.40
M2	1	0.25	0.9	0.3	75%∶25%	0.40

	OPC	钢纤维	河砂	沙漠砂	河砂与沙漠砂比例	去离子水
M3	1	0.25	0.6	0.6	50%∶50%	0.40
M4	1	0.25	0.3	0.9	25%∶75%	0.40
M5	1	0.25		1.2	0∶100%	0.40

用搅拌机将水泥、沙漠砂(河砂)和钢纤维充分混合。加入去离子水,机械搅拌 8～10 min 至均匀,得到纤维增强砂浆。装模和振动后进行标准养护。标准养护是指试块成型 24 h 后,拆除模具,在标准养护室中养护 27 天。标准养护室的室温应保持在 23±2 ℃,湿度不应低于 95%。试样尺寸为70.7 mm×70.7 mm×70.7 mm 立方体和直径 100 mm,高 50 mm 的圆柱体,对养护结束后的试样进行抗压强度测试和 X-CT 扫描。

5.2　细骨料粒径与比表面积(SSA)间的关系研究

5.2.1　计算方法

对于砂粒,SSA 一般可以定义为表面积除以颗粒质量。在这种情况下,砂的比表面积(SSA)是砂级配的函数,对每种砂浆的砂级配分布进行近似计算。式(5-1)显示了直径 D_{mean} 的球体的计算,其中 ρ 为砂子密度[所使用的河砂(ρ_{RS})和沙漠砂(ρ_{DS})的近似值分别为 2 562 kg/m³ 和 2 776 kg/m³],ω 为河砂消耗的百分比:

$$SSA = \frac{A}{M} = \frac{A}{V\rho}$$

$$= \frac{\pi D_{mean}^2}{\frac{1}{6}\pi D_{mean}^3 [\omega \times \rho_{RS} + (1-\omega) \times \rho_{DS}]} = \frac{6}{D_{mean}} \times \frac{1}{[\omega \times \rho_{RS} + (1-\omega) \times \rho_{DS}]}$$

$$(5-1)$$

为了近似和简化计算,假设砂粒为球体。由于在筛分中没有关于砂粒在筛之间如何分布的信息,因此根据式(5-2)确定平均直径来表示每个粒度类中的砂粒[35],其中 d_{up} 和 d_{down} 是由边界筛确定的每个粒度类的上限和下限。

$$D_{mean} = \sqrt{\frac{d_{up}^2 + d_{down}^2}{2}} \tag{5-2}$$

然后根据式(5-3),可以根据每一类砂的质量分数得到 SSA。其中 SSA_i 为比表面积,m_i 为砂在第 i 筛范围内的质量分数。

$$SSA = \sum_{i=1}^{n} SSA_i m_i \tag{5-3}$$

5.2.2 结果与讨论

砂浆或混凝土中绝大多数的空隙体系分析完全忽略了骨料的任何影响。本文的假设是砂粒的平均大小确实会影响空隙系统。试验研究了细集料粒径和种类对高强纤维增强砂浆中空隙体系形成的影响,其中高强纤维增强砂浆中使用的砂为普通建筑用河砂和我国西北地区的沙漠砂。对各种高强纤维增强砂浆中使用的各种粒径范围的砂的比表面积(SSA)进行了近似计算,并用作平均粒径的代表。采用 X-CT 技术测量各高强纤维增强砂浆的空隙系统。建立了整体空隙含量与 SSA 的关系。为了得到相对精确的空隙系统,通过视觉比较法、数值拟合法以及经验法优选合适的空隙模型。对优选的空隙模型进行空隙尺寸分布分析。

表5-3列出了由式(5-1)计算得到的 5 种细骨料混合物的 SSA 值,将其作为表征 5 种细骨料混合物的单个数字。由表 5-3 中结果可知,随着两种砂子的混合,细骨料混合物的比表面积越来越大,且沙漠砂自身表现出非常高的比表面积值,是五组细骨料混合物中 SSA 最大的。

表5-3　五组细骨料的比表面积（m^2/kg）

	M1	M2	M3	M4	M5
比表面积(SSA)	5.72	29.13	52.52	75.89	99.24

5.3 基于 X-CT 技术的切片数据分割处理

5.3.1 数据获取

在本研究中,我们采用 Siemens Somatom Sensation 40 CT 设备获得了

5 种高强纤维增强砂浆样品的成分和细看结构信息的成分空间分布。该 X 射线 CT 系统基于锥束扫描技术，它由 240 kV/320 w 微聚焦 X 射线源和标称分辨率小于 2 μm 的辐射探测器组成。该微聚焦 X 射线源的分辨率为 1 μm，焦点与样品之间的最小距离为 4.5 mm。实验采用 190 kV 灯电压和 0.45 mA 电流值。在 CT 系统准备好后，将圆柱形样品固定在低密度多圆柱形基座上的桌子上。为了在采集系统中均匀地接收 X 射线辐射束，在 1 h 的扫描过程中，每个标本自动上下移动。

5.3.2　结果与讨论

预处理：X 射线投影图像的重建产生了一组表示每个样本连续切片的灰度图像。考虑了四个主要阶段：空隙、水泥浆、砂子和背景。在对图像进行分割之前，对每个 X-CT 切片进行几个预处理步骤。首先，将每个重构片的灰度分布拉伸到 0～65535（16 位图像）之间。采用 3 × 3 中值滤波函数对相位内和相界[37]处的噪声进行了三次滤波处理。单个 M1 砂浆切片的图像如图 5-1 所示，其中图 5-1(a) 为原始图像，图 5-1(b) 为灰度拉伸和中值滤波处理后的图像。同一高强纤维增强砂浆 M1 切片在上述步骤前后的灰度分布如图 5-1(c) 所示。在图 5-1(b) 中，高强纤维增强砂浆试样外的深灰色区域和试样外的黑色区域一起被认为是边界相。

相分割和空隙测定：为了分割空隙，通常将水泥浆体和砂石视为一个单一的相，这是空隙分析中常见的情况。在本研究中，把水泥浆体和砂粒作为单独的相来计算砂粒对空隙间距因子分布的影响。气相像素和边界相像素的灰度值相互重叠，且明显小于固相像素的灰度值。气相的上阈值大于边界相的上阈值。如图 5-1(c) 所示，图 5-1(b) 所示切片的截止灰度值约为 30 850，位于峰值 A(边界相位) 和峰值 B(水泥浆体和沙子) 之间的直方图的最低部分。因此，利用该方法选择的灰度值（每个切片自动选取），将每个二维图像分割为两相，即空隙/边界相（白色）和固体相（黑色），如图 5-2(a) 切片所示和图 5-2(b) 所示。边界相，由于它由一个比任何空隙都大得多的簇组成，用簇数算法进行识别，如图 5-2(c) 所示，其中小的空隙被消除了。最后结合图 5-2(b) 和 5-2(c) 得到如图 5-2(d) 所示的三相图像，将样本边界外的背景与空隙区区分开。对高分辨率和低分辨率图像采用类似的处理方法。

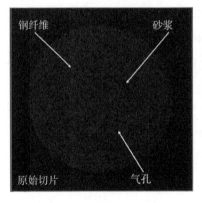

（a）原始切片　　　　　　　　（b）灰度拉伸后的切片

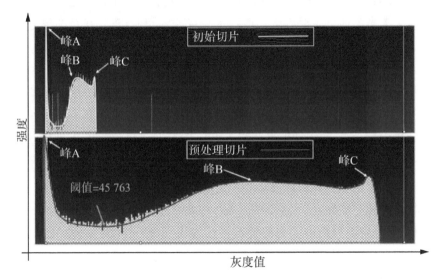

（c）原始切片与预处理切片灰度值分布对比

图 5-1　基于阈值修正的切片数据处理过程

在将二维切片组合成三维微结构之前，测量面积大于 10 平方像素的二维空洞，并将其存储在每个切片的面积中，用于后续的二维空洞分析。将每个样品的所有切片堆叠在一起，得到一个三维分段微结构。采用粒子识别和球面谐波算法[32,33,38,42]分析三维空间中空洞的大小和形状，只分析体积大于等于 125 立方体素的空洞。通常这个截止值更大，512 体素[38]，以便能够获得准确的形状分析，但由于发现空隙实际上非常接近球形，这个标准可以放松，而不会明显损失精度。

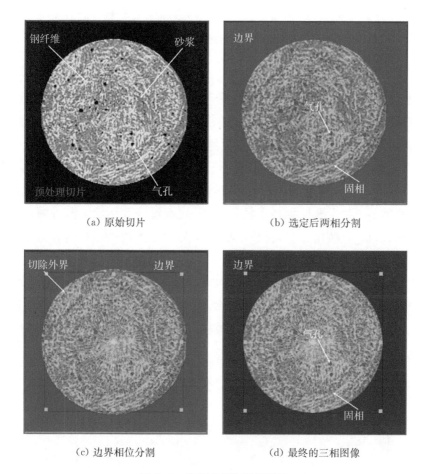

(a) 原始切片

(b) 选定后两相分割

(c) 边界相位分割

(d) 最终的三相图像

图 5-2　物相分割与孔的选定

5.4　混合细骨料特征研究

5.4.1　试验方法

通过扫描电镜(SEM)、X 射线荧光光谱(XRF)和粒度分布测试,比较了河砂和沙漠砂作为细骨料的特征差异。利用 Mastersizer 2000 动态光散射测量仪获得了河砂和沙漠砂的粒度分布。扫描电镜样品在 45 ℃下烘箱干燥 24 h,然后涂金后进行测试。采用日立 S - 3400N 扫描电镜。在 15 kV 加速电压下拍摄 SEM 图像。用 EDX3000B 型 X 荧光光谱仪测定河砂和沙漠砂的氧化物组成。

5.4.2 结果与讨论

沙漠砂、河砂的形态及化学成分如图5-3所示。图5-3(a)和图5-3(b)分别表示了河砂和沙漠砂的宏观特征,河砂的粒径较大,掺有部分小卵石和细砂,整体呈亮黄色;而沙漠砂的粒径较小,颜色微微泛红。通过扫描电镜(SEM)得到了河砂和沙漠砂的微观形态,如图5-3(c)~图5-3(f)所示,图5-3(e)、图5-3(f)则是进一步放大了河砂和沙漠砂的微观特征以便分析。从微观形貌看,这两种砂子的主要区别在于粒径大小、表面纹理和形状。河砂颗粒表面是有角的形状,且棱角分明,粒径比沙漠砂大[52]。沙漠砂颗粒的表面相对光滑,且粒径较小,这与风成搬运机制有关。表5-4则比较了河砂和沙漠砂的氧化物组成。沙漠砂的 SiO_2 含量为71.54%,与河砂相近;从总体上看,沙漠砂和河砂的碱性氧化物含量相差不多,总含碱量基本相同,其中沙漠砂的 CaO 含量为4.73%,显著高于河砂的 CaO 含量;沙漠砂的 SO_2 等有害物质含量较高。

(a) 河砂的宏观特征   (b) 沙漠砂的宏观特征

(c) 河砂的微观形貌   (d) 沙漠砂的微观形貌

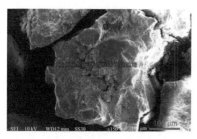

（e）河砂的微观形貌特征　　　　　　（f）沙漠砂的微观形貌特征

图 5-3　沙漠砂与河砂的形态和化学成分对比

表 5-4　RS 和 DS 的氧化物组成比较

	SiO_2	Fe_2O_3	Al_2O_3	CaO	MgO	K_2O	Na_2O	TiO_2	P_2O_5	MnO	SO_2	Cl
河砂	71.72	2.39	15.06	2.41	1.59	2.60	3.80	0.22	0.07	0.04	0.02	0.02
沙漠砂	71.54	2.39	13.35	4.73	1.91	2.71	2.47	0.43	0.11	0.05	0.18	0.03

对 5 组砂浆中的细骨料混合物进行激光粒度分析，研究不同混合状态下的分布特征，测试结果如图 5-4 所示。图 5-4(a) 为 5 组细骨料混合物的粒径分布图，可知 5 组分布曲线都基本呈正态分布。从总体上看，M1－M5 的粒径分布集中在 50 μm～3 000 μm 这一范围。M1 的粒径主要分布在 200 μm～2 000 μm 之间，这表明河砂的粒径分布较为均匀，具有较好的颗粒级配。而随着沙漠砂的加入，细骨料混合物的粒径分布首先呈现出越来越分散的变化，且最高峰所在的粒径大小逐渐减小，粒径在 600 μm 以上颗粒占比也逐渐降低。

沙漠砂的粒径比河砂小，沙漠砂的粒径分布相对集中，主要在 100～200 μm 之间，河砂的粒径分布则是在 100 μm～1 000 μm 的连续分布，主要颗粒粒径大于沙漠砂。两种细骨料的混合呈现出优化颗粒级配的效果，这主要在 M2 中体现。随着沙漠砂含量的增加，加入沙漠砂的同时也降低了河砂的含量，故总体平均粒径会以一定趋势降低，同时降低了河砂的粒径分散作用，故在 150 μm～200 μm 处峰的高度将会升高，也就是粒径分布越来越集中，这主要在 M3、M4 中体现。M5 的粒径分布相对集中，主要分布在 100 μm～500 μm，这表明相比于河砂，沙漠砂的颗粒级配较差。这与上文 SEM 分析的结果相对应。图 5-4(b) 为累计粒径分布曲线，其高度可以表示粒径的集中程度，其中 M5 升高的趋势最快，可以直观看到 M1－M5 的粒径分布越来越集中。

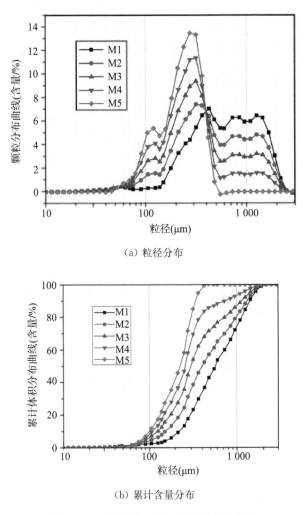

(a) 粒径分布

(b) 累计含量分布

图 5-4　五种砂浆用砂混合料的分布特点

5.5　最优空隙结构模型的获取

5.5.1　试验方法

　　为了获得最优空隙结构模型,本节通过模型比较法、数值分析法以及材料自身属性经验判定法,综合得到合适的空隙结构模型,如图 5-5～图 5-15、表 5-5、表 5-6 所示。

5.5.2 结果与讨论

根据气相和固相的不同以及模拟空隙的规则形状,对五组高强纤维增强砂浆首先进行准确的空隙三维模型建模,五组样品的孔结构模型如图 5-5 所示。该模型精度较高,但无法获得空隙体系的定量数据,可作为标准模型为后续体绘制建模提供参照。

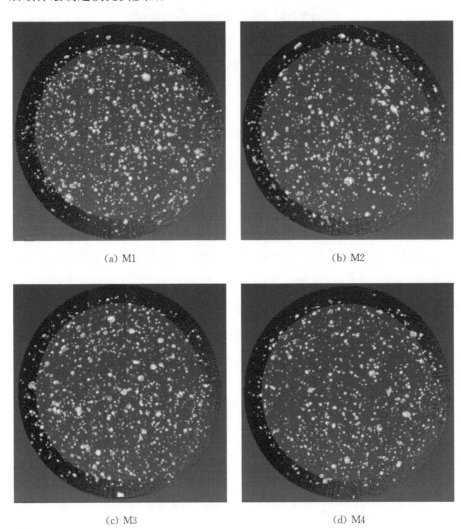

(a) M1

(b) M2

(c) M3

(d) M4

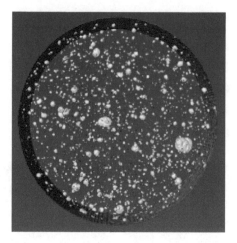

(e) M5

图5-5 基于气相和固相的差异和球体的规则形状的三维气孔模型(参照模型)

M1 的空隙密集程度最高,整体看起来空隙数量最多,如图 5-5(a)所示。M2～M5 的空隙密集程度逐渐降低[如图 5-5(b)～图 5-5(e)所示],这表明五组高强纤维增强砂浆中的空隙数量不断降低,大粒径的空隙也明显减少。反常的是 M5 中出现零星的超大粒径空隙,这可能是因为在空隙向着粒径减小、数量降低的变化趋势中,趋于消散的空隙又不断融合,形成的少量超大粒径空隙。比较五组高强纤维增强砂浆的空隙模型可知,随着 SSA 的增加,空隙体系整体呈现出数量不断降低、粒径不断减小的变化趋势。

(a) M1   (b) M2

(c) M3   (d) M4

(e) M5

图 5-6   阈值强度范围 I 情况下五组试样的孔隙结构

(a) M1   (b) M2

(c) M3 　　　　　　　　　(d) M4

(e) M5

图 5-7　阈值强度范围Ⅱ情况下五组试样的孔隙结构

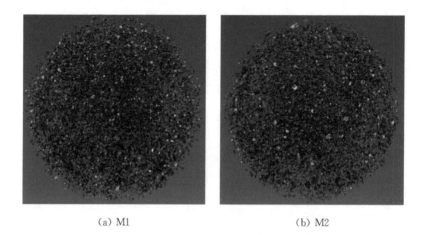

(a) M1 　　　　　　　　　(b) M2

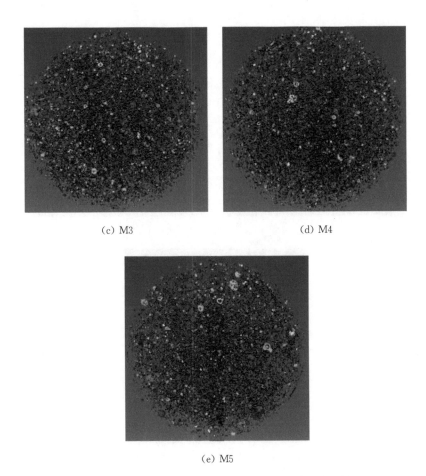

(c) M3　　　　　　　　　　　　(d) M4

(e) M5

图 5-8　阈值强度范围Ⅲ情况下五组试样的孔隙结构

(a) M1　　　　　　　　　　　　(b) M2

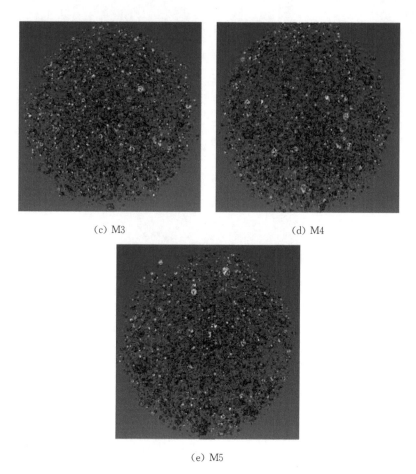

（c）M3　　　　　　　　　　　　（d）M4

（e）M5

图 5-9　阈值强度范围Ⅳ情况下五组试样的孔隙结构

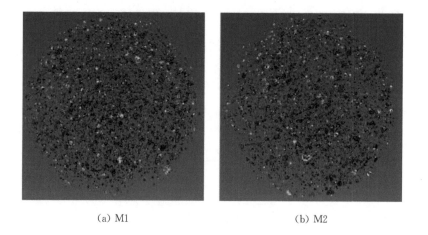

（a）M1　　　　　　　　　　　　（b）M2

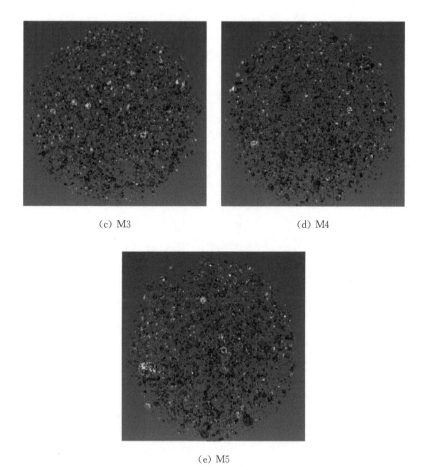

(c) M3　　　　　　　　　　　　　　(d) M4

(e) M5

图 5-10　阈值强度范围 V 情况下五组试样的孔隙结构

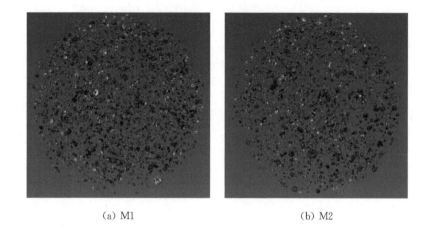

(a) M1　　　　　　　　　　　　　　(b) M2

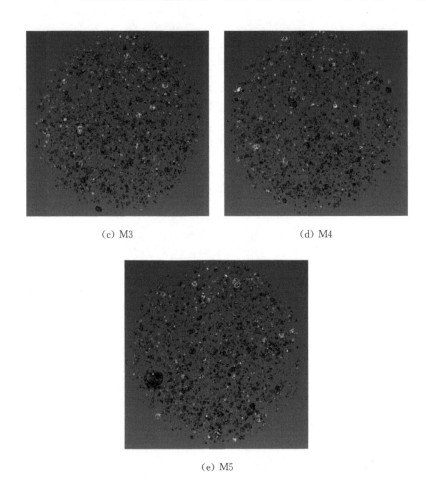

（c）M3　　　　　　　　　　（d）M4

（e）M5

图 5-11　阈值强度范围Ⅵ情况下五组试样的孔隙结构

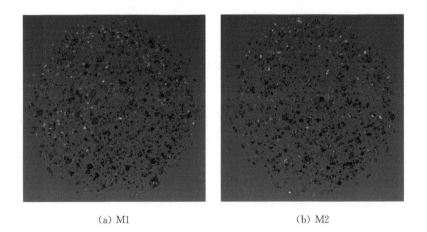

（a）M1　　　　　　　　　　（b）M2

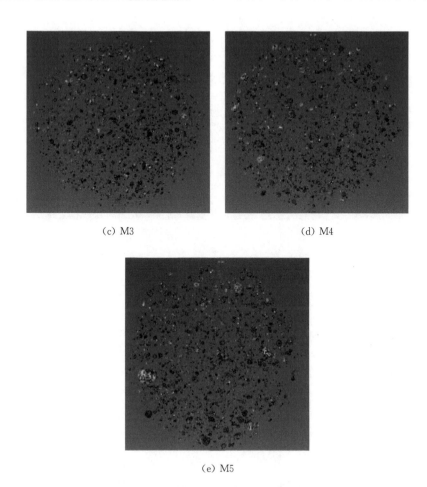

(c) M3　　　　　　　　　　　　　　　(d) M4

(e) M5

图 5-12　阈值强度范围Ⅶ情况下五组试样的孔隙结构

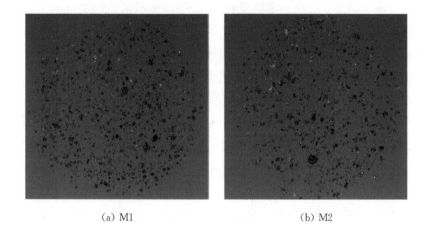

(a) M1　　　　　　　　　　　　　　　(b) M2

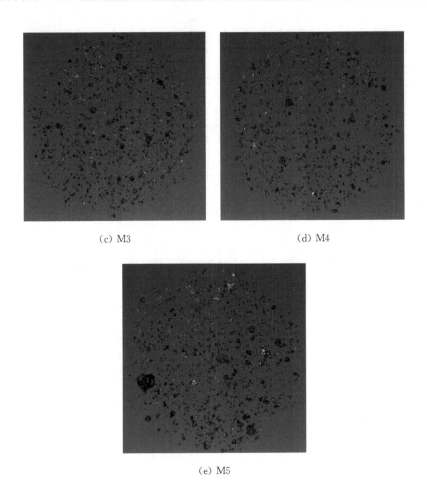

（c）M3 （d）M4

（e）M5

图 5-13 阈值强度范围Ⅷ情况下五组试样的孔隙结构

通过体绘制方法建立三维模型时，需要不断调整阈值强度范围以捕获较为准确的空隙在二维切片数据上的边界。本文对比研究了八种阈值强度范围得到的空隙三维模型与量化数据，如图 5-6～图 5-13、表 5-5 和表 5-6 所示。从Ⅰ～Ⅷ，阈值强度的范围越来越小。

对比可知，当阈值强度范围选择较大时，所得到的空隙数量远多于标准模型，这里面是将大量颗粒状杂质误认为空隙进行了建模，如图 5-6～图 5-8 中阈值强度范围Ⅰ～Ⅲ所示；当阈值强度范围选择过小时，所得到的空隙模型与标准模型相比出现明显的失真现象，所得量化数据也缺乏说服力，如图 5-11～图 5-13 所示的阈值强度范围为Ⅵ～Ⅷ时的情况；当阈值强度范围选择合适时，所得空隙模型与标准模型的视觉拟合度最高，如图 5-9～图 5-

10 中阈值强度范围为Ⅳ～Ⅴ时的情况。

表 5-5 和表 5-6 分别列出了八种阈值强度范围得到的空隙率和空隙数量。随着阈值强度范围的减小,空隙率从 5.98％～6.92％的水平降低到 0.15％～0.19％,空隙数量从 30 204～32 168 的水平降低到 1 701～2 218,被识别出的空隙率和空隙数量都呈现出不断减小的变化趋势。

从表 5-5 可知,不论阈值强度的范围选择如何,随着 SSA 的增高,高强纤维增强砂浆的空隙率总体呈下降趋势。但阈值强度的范围过大时会造成空隙率过高,而范围过小则会使空隙率过低。结合图 5-6～图 5-13 中的优选结果可知,阈值强度范围Ⅰ～Ⅲ的空隙率有点过高,阈值强度范围Ⅵ～Ⅷ的空隙率有点过低,相比之下,阈值强度范围Ⅳ～Ⅴ的空隙率是比较合适的。

五组高强纤维增强砂浆的空隙数量也呈现出与空隙率同样的变化趋势,如表 5-6 所示。同时我们可以发现,空隙数量的变化更加复杂。不论阈值强度范围的选择如何,随着 SSA 的增高,空隙数量总体呈下降趋势。阈值强度范围Ⅰ中不呈现下降趋势,而是呈先下降后上升的趋势。这可能是因为阈值强度的选择范围过大而将大量颗粒状杂质误认为空隙导出。

表 5-5　不同阈值强度范围下全部空隙率的变化

	气孔含量		M1	M2	M3	M4	M5
阈值强度范围	Ⅰ	过高	6.92	6.57	6.45	6.59	5.98
	Ⅱ	过高	3.87	3.55	3.62	3.46	3.19
	Ⅲ	过高	2.07	1.88	1.87	1.76	1.73
	Ⅳ	合适	1.21	1.12	1.07	1.01	0.98
	Ⅴ	合适	0.77	0.73	0.69	0.62	0.62
	Ⅵ	过低	0.53	0.54	0.48	0.42	0.44
	Ⅶ	过低	0.39	0.41	0.33	0.29	0.31
	Ⅷ	过低	0.19	0.22	0.17	0.15	0.15

表 5-6　不同阈值强度范围下全部空隙数量的变化

	气孔数量		M1	M2	M3	M4	M5
阈值强度范围	Ⅰ	过高	31 927	31 077	30 204	31 129	32 168
	Ⅱ	过高	33 939	30 114	32 162	31 988	31 191
	Ⅲ	过高	22 425	19 980	20 289	20 562	18 991

续表

	气孔数量		M1	M2	M3	M4	M5
阈值强度范围	IV	合适	12 446	11 213	10 150	8 306	6 652
	V	合适	6 844	6 265	5 870	5 564	5 295
	VI	过低	4 287	3 518	3 792	3 503	3 436
	VII	过低	3 128	2 384	2 637	2 412	2 545
	VIII	过低	2 218	1 743	1 986	1 701	2 021

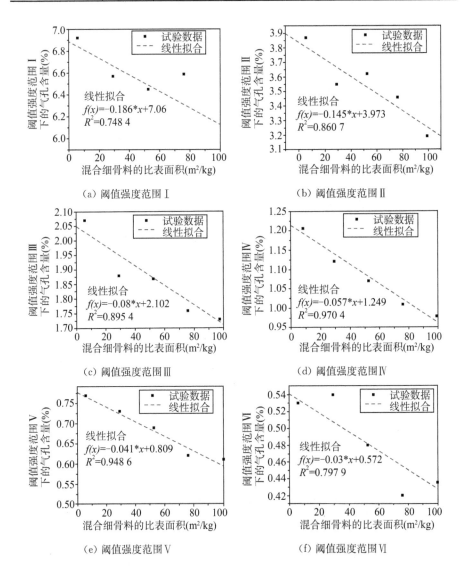

（a）阈值强度范围 I

（b）阈值强度范围 II

（c）阈值强度范围 III

（d）阈值强度范围 IV

（e）阈值强度范围 V

（f）阈值强度范围 VI

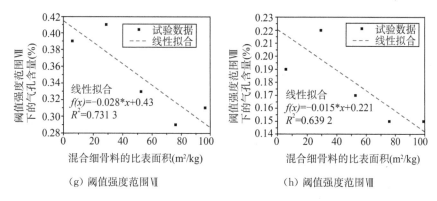

（g）阈值强度范围Ⅶ　　　　　　　（h）阈值强度范围Ⅷ

图 5-14　不同阈值强度范围下 SSA 与空隙率的线性关系

为了更好地研究砂粒粒径分布对空隙形成的影响,我们对不同阈值强度范围下空隙率和 SSA 进行线性拟合,以期探明砂粒粒径分布与空隙之间的关系,如图 5-14 所示。

不同阈值强度范围下的空隙率与 SSA 均呈现出线性关系,如图 5-14(a)～图 5-14(h)。空隙率与 SSA 的线性关系表明,细骨料混合物的平均砂粒径越小,SSA 值越大,高强纤维增强砂浆夹带的空气越少,空隙率越低,因为不同高强纤维增强砂浆之间的唯一差异是不同细骨料混合后的等效粒径。

空隙率随着 SSA 的增加呈现出近似线性的降低趋势。不同阈值强度范围线性拟合后的 R^2 分别为 0.748 4、0.860 7、0.895 4、0.970 4、0.948 6、0.797 9、0.731 3 和 0.639 2。空隙率与 SSA 的拟合效果越好,R^2 的值越大。我们可以发现,阈值强度范围Ⅳ～Ⅴ条件下的 R^2 值是最高的两组,分别是 0.970 4 和 0.948 6,且拟合线上没有出现明显的异常点,如图 5-14(d)、图 5-14(e)。线性拟合的结果与视觉法优选的结果保持一致。

此外,由于样品内部的空隙分布是不均匀的,因此有限尺寸效应(finite size effects)可能会存在,因此在进行有效体绘制（volume of interest-VOI）的选择时需要尽可能覆盖样品的所有体积且不能超出样品体积的范围,覆盖更多的砂浆体积将有助于提高空隙率的准确性,并改善线性拟合关系。这一点我们在进行三维建模的过程中就已经注意到,对整个高强纤维增强砂浆进行了建模分析,因此得到的空隙数据是准确的。

对不同阈值强度范围下各组高强纤维增强砂浆的空隙含量进行对比分析,如图 5-15 所示。普通砂浆的空隙率一般在 1.5% 到 7.5% 之间,前期研究发现高强纤维增强砂浆的空隙率在 0.5%～3% 之间,如图中红色阴影区域所示。可以看出第Ⅲ、Ⅳ、Ⅴ组空隙模型的空隙含量始终在红色区域中,符合高强纤维增强砂浆的空隙变化规律,所以第Ⅲ、Ⅳ、Ⅴ组模型的阈值强度范围选择是较为合理的。

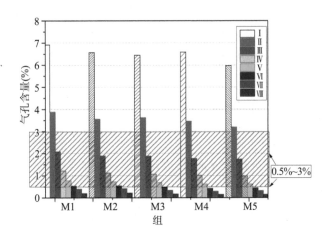

图 5-15　根据空隙率选择合适的阈值强度范围

合适的阈值强度是对空隙进行更深层次研究的重要基础。在本节中,为了确定合适阈值强度范围,我们通过模型直观比较法(model visual comparison method)、线性拟合方法(linear fitting method)与经验方法(empirical method)分析了各组阈值强度范围下的空隙率和空隙数量。

基于对模型的直观观察、精确的数据分析和结合材料本身的性质可以得出,第Ⅳ、Ⅴ组的阈值强度范围选择是最为合理的。故接下来我们将选取第Ⅳ、Ⅴ组的空隙体系数据进行进一步分析。同时我们发现,不管在哪种阈值强度范围下,比表面积(SSA)值与整体空隙率呈正斜率线性关系。

5.6　孔隙结构分布特征研究

5.6.1　数据处理方法

基于 5.5 节得到的最优孔结构模型,具体分析关于强度范围Ⅳ与Ⅴ的空隙尺寸分布、强度范围Ⅳ情况下空隙系统三维模型的统计数据结果、强度范围Ⅳ情况下空隙形状特征以及归一化空隙尺寸分布(3D)。

5.6.2　结果与讨论

（1）强度范围Ⅳ与Ⅴ的空隙尺寸分布

通过 5.5 节的分析,优选阈值强度范围Ⅳ、Ⅴ的空隙率分布数据,并选择 M3 组的统计数据进行比较,如图 5-16 所示。由于第Ⅳ、Ⅴ组阈值强度范围的差异,使两组数据的 M3 中空隙的孔径范围与数量存在一定差异。

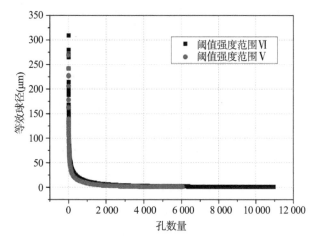

（a）显示两种分布

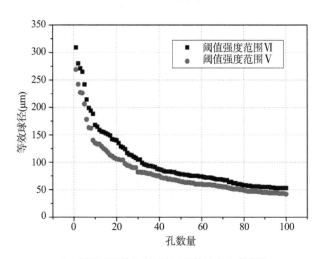

（b）仅显示两种分布具有可比性的小尺寸范围

图 5-16　通过阈值强度范围Ⅳ和Ⅴ获得的砂浆 M3 空隙计数分布的比较

图 5-16(a)所示为两种阈值强度下完整的 M3 孔数量分布,第Ⅳ、Ⅴ组的空隙率在计数分布上呈现一致性。在阈值强度Ⅳ的选择范围内,M3 样品的空隙孔径上限大概在 310 μm,当空隙孔径无限接近 0 时,此时孔的数量接近 11 000 个;在阈值强度Ⅴ的选择范围内,M3 样品的空隙孔径上限大概在 275 μm,当空隙孔径无限接近 0 μm 时,此时孔的数量接近 6 000 个,约为第Ⅳ组的一半。图 5-16(b)显示了大尺寸空隙的技术分布,可以看出,第Ⅳ组被识别的大尺寸空隙的数量比第Ⅴ组大尺寸空隙的数量更多。比较来看,在阈值强度Ⅳ的选择范围内,对孔数量和孔径分布的捕捉更加精确和完整。

(2) 强度范围Ⅳ情况下空隙系统三维模型的统计结果

表 5-7 列出了 M1~M5 五个样本在阈值强度Ⅳ选择范围下的空隙数量、空隙率、最大空隙直径和平均空隙直径。随着 SSA 的增加,每个高强纤维增强砂浆的空隙数量从 12 446 个下降到 6 652 个,总体趋势为随着沙漠砂含量的增加,空隙的数量越少。每组砂浆的空隙率的值相差不大,也呈随着 SSA 的增加逐渐下降的趋势。在 M5 组中检测到的最大空隙直径远远大于其他组,这与 3D 模型相对应,这可能是因为当细骨料混合物的粒径过小时,趋于消散的空隙无法完全及时排除,又不断融合形成少量超大粒径空隙。各组高强纤维增强砂浆的空隙的平均直径在数值上相差不大。

表 5-7　阈值范围Ⅳ情况下空隙特征变化

	阈值范围 Ⅳ	M1	M2	M3	M4	M5
3D 数据	气孔数量	12 446	11 213	10 150	8 306	6 652
	气孔含量	1.21	1.12	1.07	1.01	0.98
	最大孔径 (μm)	407	518	309	314	2 059
	平均孔径 (μm)	5.01	4.63	5.04	4.57	5.78

各尺寸范围内的三维空隙计数在图 5-17~图 5-21 中进行了比较。五组高强纤维增强砂浆的空隙率都随着孔径的增加而减少。显然,与 M3、M4 及 M5 相比,M1 和 M2 中形成的小空隙更多。随着 SSA 的增加,小尺寸空隙的数量显著降低。同时将绘出的孔径分布曲线进行了拟合,发现五组样品的孔数量与孔径成规律的对数分布,较好的拟合效果对探明 SSA 与空隙含量分布的数学关系奠定了基础。

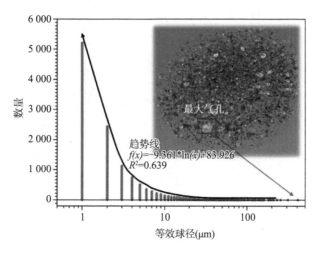

图 5-17　强度范围Ⅳ下 M1 空隙计数分布

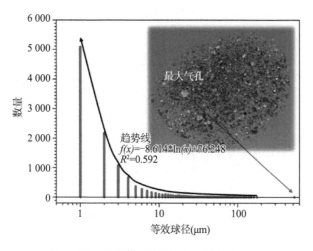

图 5-18　强度范围Ⅳ下 M2 空隙计数分布

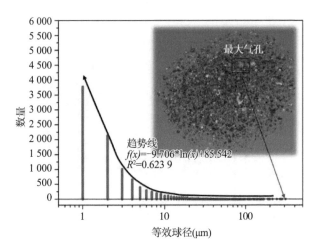

图 5-19　强度范围Ⅳ下 **M3** 空隙计数分布

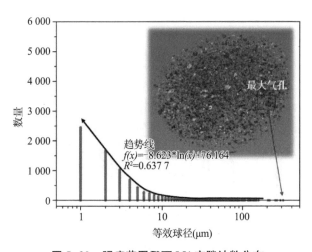

图 5-20　强度范围Ⅳ下 **M4** 空隙计数分布

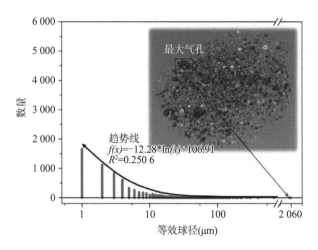

图 5-21　强度范围Ⅳ下 M5 空隙计数分布

（3）强度范围Ⅳ情况下空隙形状特征

长度（L）、宽度（W）和厚度（T）。这三个参数定义了包含空隙的最小体积矩形盒的尺寸。这些参数有三个比值：L/T、W/T 和 L/W，其中每两个是独立的，近似地描述了每个空隙的形状，所有三个值可以统一为一个球体的单位。表 5-8 列出了 M1～M5 五组样品的参数的体积加权平均值。这表明，大多数空隙的形状为椭圆形或近似圆形。其平均 L/T 值和 W/T 值为 14 和 16，表明有显著的非球形形状。所有砂浆空隙的 L/W 值相似。L/T 值和 W/T 值较大，这表明通过 X-CT 技术建立的空隙模型还原度较高，并没有牺牲掉空隙的真实形貌来进行后续的数据计算。

表 5-8　M1～M5 试样空隙的平均形貌特征 L/T, W/T 与 L/W

	M1	M2	M3	M4	M5
L/T	14.26	16.76	13.52	13.83	15.75
W/T	13.85	16.65	13.37	13.9	15.78
L/W	1.11	1.11	1.09	1.08	1.06

（4）归一化空隙尺寸分布（3D）

归一化后的空隙尺寸分布如图 5-22 所示。图 5-22(a)是各尺寸范围内空隙出现的频率，图 5-22(b)为累计频率。显然，对于 5 组样本，分布曲线几乎彼此一致。空隙直径越小，在此尺寸的空隙数量就越多。这与之前的结果一致。5组高强纤维增强砂浆在每个尺寸范围内存在的空隙率相互接近。M1、M2具有更多小尺寸的空隙,而M5的大尺寸空隙的数量则更多,当空隙尺寸大于1 000 μm时,只有M5组仍存在空隙。

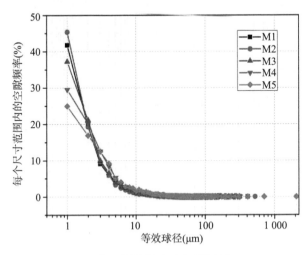

(a) 各尺寸范围内空隙出现的频率

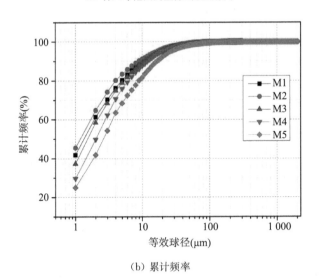

(b) 累计频率

图5-22　强度范围Ⅳ下M1～M5的归一化空隙尺寸分布

5.7　沙漠砂对水泥基材料空隙体系的影响机理分析

细骨料组成在砂浆空隙体系的形成中具有重要作用。目前,X-CT 已被用于研究水泥基材料的微观结构,可确定空隙的总含量和空间大小分布。本章假设细骨料的组成确实会影响空隙系统,通过混合使用河砂与沙漠砂作为高强度纤维增强砂浆的细骨料,从而制备出不同细骨料组成的砂浆。首先测试不同组成的细骨料粒径分布并对其 SSA 进行近似计算,采用 X-CT 技术测量各不同细骨料组成的砂浆的空隙系统,建立空隙率与砂子 SSA 的关系。为了测量空隙大小分布,计算并比较了二维圆直径分布和三维球直径分布,最终研究细骨料组成与高强度纤维增强砂浆空隙系统的关系,并分析沙漠砂的使用对高强纤维增强砂浆空隙系统的影响。本文制备了 5 种不同细骨料组成的砂浆,计算出了每组细骨料的孔径分布,并通过 X-CT 技术对其空隙体系进行了定性和定量表征。计算了细骨料的比表面积(SSA),发现细骨料的 SSA 值增加,整体空隙率降低,通过计算得到的 SSA 值与空隙率呈负线性关系。在建立砂浆孔结构三维模型时基于对模型的直观观察、数据拟合并结合材料本身的性质得出精确的空隙数据。随着 SSA 的增加,每组高强纤维增强砂浆的空隙数量从 12 446 个下降到 6 652 个,总体趋势为随着沙漠砂含量的增加,空隙的数量减少。每组砂浆的空隙含量的值相差不大,也呈随着 SSA 的增加逐渐下降的趋势。当细骨料完全为沙漠砂时,纤维增强砂浆的空隙率从 1.21% 降到 0.98%。通过对三维空隙体系的分析,发现沙漠砂的加入对纤维增强砂浆的空隙体系的优化起到了积极的作用,随着沙漠砂含量的增加,空隙体系向着粒径减小、数量降低的趋势变化。

5.8　本章小结

本研究通过 X-CT 技术研究了不同细骨料组成在高强纤维增强砂浆内部空隙体系形成中的作用。通过计算不同细骨料混合物的 SSA 值,建立了 SSA 与高强纤维增强砂浆的总空隙率之间的线性关系。为了获得空隙系统的尺寸分布,利用数据分析、直观观察等方法得出合适的空隙系统 3D 模型,并获得空隙系统的空隙数量、空隙率、最大孔径和平均孔径,探讨了细骨料组成对空隙尺寸分布的影响。

沙漠砂与河砂整体上物理与化学特征相近,但是沙漠砂的粒径更小、粒径分布更加集中,且表面更加光滑,沙漠砂中的 CaO 含量显著高于河砂。当两种砂了混合后,细骨料混合物的粒径分布趋于平缓,且随着沙漠砂比例的增加,细骨料混合物的粒径分布向沙漠砂靠近,整体表现出的 SSA 值越来越大。

基于 X-CT 技术进行空隙系统建模分析时,存在不同的建模方法。基于气相和固相的区别以及空隙的边界进行自动建模,该模型更为精确,但无法获得定量统计数据。通过体绘制方法建立三维模型时,需要不断调整阈值以捕获较为准确的空隙系统在二维切片数据上的边界。结合两种方式的优劣势,并通过对模型的直观观察、数据拟合法并结合材料本身的性质可得出准确的空隙系统 3D 模型与统计数据。

随着 SSA 的增加,每组高强纤维增强砂浆的空隙从 12 446 个下降到 6 652 个,总体趋势为随着沙漠砂含量的增加,空隙的数量减少。每组砂浆的空隙率的值相差不大,也呈随着 SSA 的增加逐渐下降的趋势。当细骨料完全为沙漠砂时,高强纤维增强砂浆的空隙率从 1.21% 降到 0.98%。利用长度、宽度和厚度(L、W、T)参数的比值,分析了空隙系统的三维形状。研究发现大多数空隙的形状为椭圆形或近似圆形。L/T 值和 W/T 值在 14～16 之间,反映出空隙有显著的非球形形状,这表明通过 X-CT 技术建立的空隙系统模型还原度较高,并没有牺牲掉空隙系统的真实形貌来进行后续的数据计算。不同粒径砂子的混合使用对高强纤维增强砂浆的空隙体系的优化起到了积极的作用。随着沙漠砂含量的增加,空隙系统向着粒径减小、数量降低的趋势变化。比表面积(SSA)值与整体空隙率呈正斜率线性关系。

当细骨料混合物完全成为沙漠砂时,我们发现在高强纤维增强砂浆的空隙体系出现少量超大粒径的空隙。且此时高强纤维增强砂浆的抗压强度也呈现出降低的变化趋势。高强纤维增强砂浆力学性能与空隙之间的关系,我们将在后续的工作中详细探明。

参考文献

[1] Wang L, Zeng X, Yang H, et al. Investigation and Application of Fractal Theory in

Cement-Based Materials: A Review [J]. Fractal and Fractional, 2021, 5(4).

[2] Gao Y, De Schutter G, Ye G. Micro- and meso-scale pore structure in mortar in relation to aggregate content [J]. Cement and Concrete Research, 2013, 52: 149-160.

[3] Ma H, Li Z. Realistic pore structure of Portland cement paste: experimental study and numerical simulation [J]. Computers and Concrete, 2013, 11(4): 317-336.

[4] Jamshaid H, Mishra R K, Raza A, et al. Natural Cellulosic Fiber Reinforced Concrete: Influence of Fiber Type and Loading Percentage on Mechanical and Water Absorption Performance [J]. Materials, 2022, 15(3):894.

[5] Ranjbar N, Zhang M. Fiber-reinforced geopolymer composites: A review [J]. Cement & Concrete Composites, 2020, 107:103498.

[6] Khan M, Cao M. Effect of hybrid basalt fibre length and content on properties of cementitious composites [J]. Magazine of Concrete Research, 2021, 73 (9/10): 487-498.

[7] Yoo D Y, Banthia N. Mechanical properties of ultra-high-performance fiber-reinforced concrete: A review [J]. Cement & Concrete Composites, 2016, 73: 267-280.

[8] 廉慧珍, 童良, 陈思仪. 建筑材料物相研究基础[M]北京清华大学出版社, 1996: 105～130.

[9] Diamond S. The microstructure of cement paste and concrete-a visual primer [J]. Cement & Concrete Composites, 2004, 26(8): 919-933.

[10] Martys N S, Ferraris C F. Capillary transport in mortars and concrete [J]. Cement and Concrete Research, 1997, 27(5): 747-760.

[11] Kunhanandan Nambiar E K, Ramamurthy K. Air-void characterisation of foam concrete [J]. Cement and Concrete Research, 2007, 37(2): 221-230.

[12] Pleau R, Pigeon M, Laurencot J L. Some findings on the usefulness of image analysis for determining the characteristics of the air-void system on hardened concrete [J]. Cement & Concrete Composites, 2001, 23(2-3): 237-246.

[13] Chung S Y, Elrahman M A, Stephan D. Investigation of the effects of anisotropic pores on material properties of insulating concrete using computed tomography and probabilistic methods [J]. Energy and Buildings, 2016, 125: 122-129.

[14] Aligizaki K K, Cady P D. Air content and size distribution of air voids in hardened cement pastes using the section-analysis method [J]. Cement and Concrete Research, 1999, 29(2): 273-280.

[15] Kearsley E P, Wainwright P J. The effect of porosity on the strength of foamed concrete [J]. Cement and Concrete Research, 2002, 32(2):233-239.

[16] Lian C, Zhuge Y, Beecham S. The relationship between porosity and strength for porous concrete [J]. Construction and Building Materials, 2011, 25(11):4294-4298.

[17] Kumar R, Bhattacharjee B. Porosity, pore size distribution and in situ strength of concrete [J]. Cement and Concrete Research, 2003, 33(1):155-164.

[18] Marfisi E, Burgoyne C J, Amin M H G, et al. The use of MRI to observe the structure of concrete [J]. Magazine of Concrete Research, 2005, 57(2):101-109.

[19] Ley M T, Welchel D, Peery J, et al. Determining the air-void distribution in fresh concrete with the Sequential Air Method [J]. Construction and Building Materials, 2017, 150: 723-737.

[20] Sahin Y, Akkaya Y, Tasdemir M A, et al. Effect of Polymer Type of Air Entraining Admixtures on Surface Tension and Entrained Air System [C]. The 7th Asian Symposium on Polymers in Concrete (ASPIC 2012), 2012.

[21] Wang X, Wang X H, Sadati S, et al. A modified foam drainage test protocol for assessing incompatibility of admixture combinations and stability of air structure in cementitious systems [J]. Construction and Building Materials, 2019, 211: 174-184.

[22] Ghafari E, Ghahari S, Feys D, et al. Admixture compatibility with natural supplementary cementitious materials [J]. Cement & Concrete Composites, 2020, 112:103683.

[23] Lu H, Alymov E, Shah S, et al. Measurement of air void system in lightweight concrete by X-ray computed tomography [J]. Construction and Building Materials, 2017, 152: 467-483.

[24] Dequiedt A S, Coster M, Chermant L, et al. Distances between air-voids in concrete by automatic methods [J]. Cement & Concrete Composites, 2001, 23(2-3): 247-254.

[25] Jakobsen U H, Pade C, Thaulow N, et al. Automated air void analysis of hardened concrete-a Round Robin study [J]. Cement and Concrete Research, 2006, 36(8): 1444-1452.

[26] Yuan J, Wu Y, Zhang J. Characterization of air voids and frost resistance of concrete based on industrial computerized tomographical technology [J]. Construction and Building Materials, 2018, 168: 975-983.

[27] Mayercsik N P, Felice R, Ley M T, et al. A probabilistic technique for entrained air void analysis in hardened concrete [J]. Cement and Concrete Research, 2014, 59: 16-23.

[28] Shen H, Oppenheimer S M, Dunand D C, et al. Numerical modeling of pore size and

distribution in foamed titanium [J]. Mechanics of Materials, 2006, 38(8-10): 933-944.

[29] Yang L, Islam M A, Thomas S, et al. Three-dimensional mortar models using real-shaped sand particles and uniform thickness interfacial transition zones: Artifacts seen in 2D slices [J]. Construction and Building Materials, 2020, 236:117590.

[30] Bossa N, Chaur and P, Vicente J, et al. Micro-and nano-X-ray computed-tomography: A step forward in the characterization of the pore network of a leached cement paste [J]. Cement and Concrete Research, 2015, 67:138-147.

[31] Chotard T J, Boncoeur-Martel M P, Smith A, et al. Application of X-ray computed tomography to characterise the early hydration of calcium aluminate cement [J]. Cement and Concrete Composites, 2003, 25(1):143-152.

[32] Gallucci E, Scrivener K, Groso A, et al. 3D experimental investigation of the microstructure of cement pastes using synchrotron X-ray microtomography (μCT) [J]. Cement and Concrete Research, 2007, 37(3):145-152.

[33] Wang Z, Xiao J. Evaluation of Air Void Distributions of Cement Asphalt Emulsion Mixes Using an X-Ray Computed Tomography Scanner [J]. Journal of Testing and Evaluation, 2012, 40(2): 273-280.

[34] Wong R C K, Chau K T. Estimation of air void and aggregate spatial distributions in concrete under uniaxial compression using computer tomography scanning [J]. Cement and Concrete Research, 2005, 35(8): 1566-1576.

[35] Wang R, Gao X, Zhang J, et al. Spatial distribution of steel fibers and air bubbles in UHPC cylinder determined by X-ray CT method [J]. Construction and Building Materials, 2018, 160:39-47.

[36] Sun X, Li T, Shi F, et al. Sulphate Corrosion Mechanism of Ultra-High-Performance Concrete (UHPC) Prepared with Seawater and Sea Sand [J]. Polymers, 2022, 14(5):971.

[37] Li T, Sun X, Shi F, et al. The Mechanism of Anticorrosion Performance and Mechanical Property Differences between Seawater Sea-Sand and Freshwater River-Sand Ultra-High-Performance Polymer Cement Mortar (UHPC) [J]. Polymers, 2022, 14(15):3105.

[38] Bederina M, Khenfer M M, Dheilly R M, et al. Reuse of local sand: effect of limestone filler proportion on the rheological and mechanical properties of different sand concretes [J]. Cement and Concrete Research, 2005, 35(6): 1172-1179.

[39] Bouziani T. Assessment of fresh properties and compressive strength of self-compac-

ting concrete made with different sand types by mixture design modelling approach [J]. Construction and Building Materials，2013，49：308-314.

[40] Bouziani T，Bederina M，Hadjoudja M. Effect of Dune Sand on the Properties of Flowing Sand-Concrete (FSC) [J]. International Journal of Concrete Structures and Materials，2012，6(1)：59-64.

[41] Hadjoudja M，Khenfer M M，Mesbah H A，et al. Statistical Models to Optimize Fiber-Reinforced Dune Sand Concrete [J]. Arabian Journal for Science and Engineering，2014，39(4)：2721-2731.

[42] Lyu K，Garboczi E J，Gao Y，et al. Relationship between fine aggregate size and the air void system of six mortars：I. Air void content and diameter distribution [J]. Cement & Concrete Composites，2022，131：104599.

结合我国西北地区气候环境特征的沙漠砂应用研究

近年来,随着社会发展和城镇化建设的快速推进,高层、超高层建筑在内陆地区越来越多,建筑能耗在社会总能耗中所占比例越来越大。我国西北地区存在着盐碱化、缺水等问题,盐碱水中的离子会加速钢筋的锈蚀,水中的盐还可以和混凝土本身的凝胶发生作用,降低混凝土的强度,故盐碱水一般不能用作拌合用水。而将水泥、淡水和河砂等运输到西北地区也需要大量的运输费用。如何因地制宜地在西北地区制备出一种价格低廉、强度良好的混凝土,减少建筑能耗是当前亟待解决的问题之一。当前河砂是制备混凝土必不可少的组分之一,因工程量急剧增加,中国现有的河砂资源比较紧张,考虑到存储、质量以及国家对砂石采集的相关管理规定,使得建筑用砂供需矛盾日益突出,不能够满足如今的建设需求。目前,沙漠砂在建设工程领域的资源化利用主要集中在沙漠砂水泥混凝土与沙漠砂沥青混凝土中的应用。目前已有的沙漠砂水泥混凝土研究成果主要集中在的抗压强度、抗裂性及耐久性等方面,沙漠砂在水泥混凝土中的研究前文已经介绍[1-10]。新疆大学李悦等人[4]试验研究了沙漠砂在沥青混凝土中的应用,对沙漠砂作为细集料之一应用于道路工程的可行性进行了验证。杜伊[11]针对变电站内地下电缆沟槽纵横交错,电缆沟本身空间狭小导致传统的回填方法无法夯实,且传统的回填土抗冲刷能力差导致后期出现了不均匀沉降和因冲刷而诱发的塌陷等问题,以月牙湖 330 kV 变电站塌陷治理为依托,提出可以自密实的沙漠砂贫混凝土浆液,对这些狭小坑道进行灌注,解决了无法夯实的问题,且沙漠砂贫混凝土浆液固化后具有较强的抗冲刷能力,避免了后期使用中的冲刷塌陷,减小了维护频率。冯艳娜[12]将沙漠砂用于隧道喷射混凝土中,能有效改善喷射混凝土的工作性,减少回弹量,提高喷射质量和工作效率的同时,沙漠砂混凝土喷射时的粉尘也大大降低,隧道内喷射作业面工作环境得到改善。

　　本章结合我国西北地区气候环境特征,介绍了一种纤维复合改性沙漠砂增强水泥砂浆及其制备方法,该水泥砂浆包含以下原材料:改性沙漠砂、水泥、清水、盐碱水、粗颗粒沙漠砂、纤维、聚羧酸高性能减水剂。研究纤维的最佳分散方式、纤维复合改性沙漠砂增强水泥砂浆的强度发展规律以及韧性,以评估纤维复合改性沙漠砂增强水泥砂浆的性能指标、经济与社会效益。

6.1　材料的制备

6.1.1　原材料

　　本章研制纤维复合改性沙漠砂增强水泥砂浆,使用的原材料包括:P. O 42.5 水泥;去离子水作为拌合水;盐碱水为饱和 NaCl 中加入 5% 的 NaOH 所组成的混合溶液;生态纤维为梧桐果破碎后去除籽与大颗粒杂质形成的纤维,长度为 8 mm~10 mm,如图 6-1 所示;聚羧酸高性能减水剂液体的固含量 20%、总碱量 0.02%、pH 值 7.0~8.0,减水率 26%~35%;由直径不大于 0.08 mm 的沙漠砂经过水洗、醇洗后烘干制得改性沙漠砂;粗颗粒沙漠砂为直径不小于 0.2 mm 的沙漠砂颗粒。

图 6-1　生态纤维形貌

表 6-1 水泥的化学成分

	化学成分/%							
	CaO	SiO$_2$	Al$_2$O$_3$	MgO	Fe$_2$O$_3$	Na$_2$O	SO$_3$	烧失率
水泥	61.54	15.40	4.43	0.72	4.91	0.04	2.75	2.24

6.1.2 制备方法

改性沙漠砂的制备:本章使用的改性沙漠砂,为过筛后小粒径部分经过醇洗的沙漠砂。改性沙漠砂的粒径不大于 0.08 mm,优选粒径不大于 0.05 mm 的部分。改性沙漠砂由原状毛乌素沙漠砂过筛而成具体过程为:将原状沙漠砂试样倒入按孔径大小从上到下组合,附底筛的套筛上进行筛分;套筛的上部为 0.2 mm 标准筛,下部为 50 μm 标准筛,筛分的时间为 10 min;将套筛置于摇筛机上进行筛分,然后取下套筛,将底筛上的粒径分布小于 0.05 mm 的砂子用水清洗去除水溶性杂质,再使用醇溶液清洗去除油性杂质,烘干即得改性沙漠砂。乙醇溶液为浓度为 75% 的乙醇溶液,烘干为在烘箱中 45℃低温烘干 48 h 直至水分和乙醇完全蒸发,以保证改性沙漠砂粉末不被高温破坏。

粗颗粒沙漠砂为直径不小于 0.2 mm 的沙漠砂,具体为获取改性沙漠砂粉末时剩余的粒径不小于 0.2 mm 的沙漠砂颗粒,粗颗粒沙漠砂的使用秉持着资源充分利用的原则,过筛后得到的粗颗粒沙漠砂可直接作为细骨料使用。

生态纤维的制备:生态纤维为梧桐果破碎后形成的纤维,具体制法为:取梧桐果,将梧桐果打碎去除籽与大颗粒杂质,剩下纯净的纤维,优选纤维长度为 8 mm~10 mm,为降低温度对生态纤维品质的影响,使用烘箱 45℃低温烘干 48 h 直至生态纤维表面干燥,得淡黄色纤维状物质。生态纤维与聚羧酸高性能减水剂同步使用,在水溶液中聚羧酸减水剂可以对纤维起到改性的作用,增强纤维的分散效果。生态纤维的长度若过长则会造成缠绕等现象,不适合使用,若过短则容易聚集,且梧桐果上的纤维在此范围外的纤维含量较少。

生态纤维复合改性沙漠砂增强水泥砂浆的制备方法为:首先制备改性沙漠砂粉末,将改性沙漠砂与水泥混合,加清水后搅拌;然后加入生态纤维、盐碱水,搅拌后加入聚羧酸高性能减水剂,最后加入粗颗粒沙漠砂,搅拌后制得。养护方式为标准养护,具体为试块成型 24 小时后拆模在标准养护室内养护至 28 d,标准养护室的室温要维持在 20℃,湿度不小于 95%。

不同组分配合比设计见表 6-2 和表 6-3。

表6-2　不添加生态纤维的配合比设计(质量分数)

配合比	水泥	改性沙漠砂	大颗粒沙漠砂	水		聚羧酸减水剂
				盐碱水	清水	
S0	100	0	40	10	20	1
S1	95	5	40	10	20	1
S2	90	10	40	10	20	1
S3	85	15	40	10	20	1
S4	80	20	40	10	20	1
S5	75	25	40	10	20	1
S6	70	30	40	10	20	1
D1	95	5	40	0	30	1
D2	90	10	40	0	30	1
D3	85	15	40	0	30	1
D4	80	20	40	0	30	1
D5	75	25	40	0	30	1
D6	70	30	40	0	30	1

表6-3　添加生态纤维的配合比设计(质量分数)

实施例	水泥	改性沙漠砂	大颗粒沙漠砂	水		生态纤维	聚羧酸减水剂
				盐碱水	清水		
S0	100	0	40	20	10	0	1
S6	70	30	40	20	10	0	1
S7	70	30	40	20	10	0.3	1

6.2　生态纤维分散效果研究

6.2.1　试验方法

取梧桐果,将梧桐果打碎去除籽与大颗粒杂质,剩下纯净的纤维,优选纤维长度为 8 mm～10 mm 的部分作为对比放入水中分散作为对照组。对优选后的纤维 45℃ 低温烘干 48 h 直至生态纤维表面干燥,将干燥处理后的纤维与萘系减水剂置于水中分散,观察其分散效果。将干燥处理后的纤维与聚羧酸高性能减水剂置于水中分散,观察其分散效果。

6.2.2　结果与讨论

对三种情况下的纤维分散效果进行对比,如图 6-2 所示。未烘干的纤维直接置于水中分散效果如图 6-2(a)所示,纤维存在团聚、纠缠等不均匀分散现象,且基本沉于溶液底部;将纤维烘干处理后置于萘系减水剂的水溶液中如图 6-2(b)所示,相比于对照组,纤维的分散效果明显提高;将纤维烘干处理后置于聚羧酸减水剂的水溶液中如图 6-2(c)所示,可见此时纤维均匀地分散在溶液之中,分散效果最佳。聚羧酸减水剂既可以降低水的用量、增加水泥基材料和易性的作用,同时在水溶液中聚羧酸减水剂又可以对纤维起到改性的作用,增强纤维的分散效果,本章采用聚羧酸减水剂制备纤维复合改性沙漠砂增强水泥砂浆。

(a) 改性前　　　　　　　(b) 萘系减水剂　　　　　(c) 聚羧酸高性能减水剂

图 6-2　不同处理下生态纤维的分散效果

6.3　抗开裂性能研究

6.3.1　试验方法

对 S0、S6、S7 三种试块成型 24 h 后拆模在标准养护室内养护,标准养护室的室温维持在 20℃,湿度不小于 95％。分别在养护 3 d、7 d 和 28 d 时观察三种试块的自然收缩开裂情况,同时在养护结束后对 S0、S6、S7 三种试块进行冲击试验,观察三种试块在外力作用下的开裂破坏情况。

6.3.2 结果与讨论

S0、S6、S7 三种试块在养护 3 d、7 d 和 28 d 时的自然收缩开裂情况如图 6-3～图 6-5 所示。在这个阶段,三组试块均未出现明显的收缩开裂,各组试块结构完整。改性沙漠砂、盐碱水及生态纤维的使用,从外观形貌而言并未影响到水泥基材料的水化进程,三组材料均正常完成早期的水化。

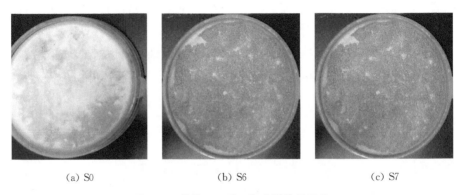

(a) S0　　　　　　　(b) S6　　　　　　　(c) S7

图 6-3 养护 3 d 后三组试样外观形貌

(a) S0　　　　　　　(b) S6　　　　　　　(c) S7

图 6-4 养护 7 d 后三组试样外观形貌

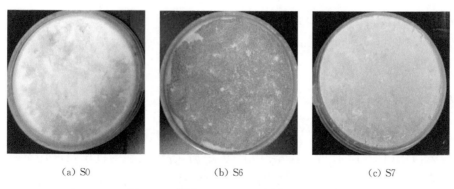

(a) S0　　　　　　　(b) S6　　　　　　　(c) S7

图6-5　养护28 d后三组试样外观形貌

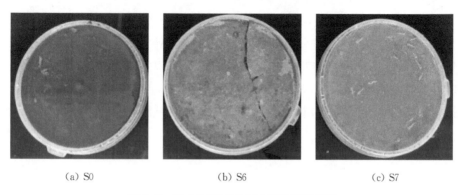

(a) S0　　　　　　　(b) S6　　　　　　　(c) S7

图6-6　外力作用下三组试样的开裂情况

养护结束,冲击三种试块,考察其在外力作用下的开裂破坏情况,如图6-6所示。未使用改性沙漠砂时,水泥的水化充分,试块具有较高的硬度与韧性,测试后整体仍然保持完整,如图6-6(a)所示;当改性沙漠砂替代水泥达到一定比例后,试块经过测试,出现了明显的断裂破碎,这表明试块的硬度与韧性出现明显的损失,如图6-6(b)所示;生态纤维的引入显著改善了材料硬度与韧性不足的问题,试块经过测试仍保持了结构的完整性并未破损,如图6-6(c)所示。

6.4　力学性能研究

6.4.1　试验方法

分别在养护3 d、7 d和28 d时对S0～S6七组试块进行抗压强度测试,并对 S0、S6、S7 三种试块进行养护 3 d、7 d 和 28 d 后的抗折强度进行测试,依据 GB/T 50081—2002《普通混凝土力学性能试验方法标准》分别进行抗压、抗折强度试验,每三个试块为一组进行测试。

6.4.2 结果与讨论

不同用量的改性沙漠砂对水泥砂浆硬化后力学性能产生较为明显的影响,如图 6-8 所示。随着养护天数的增加,各组试件的抗压强度均不断增加。在养护天数不变时,随着改性沙漠砂掺量的增加,水泥砂浆的抗压强度呈先增加后降低的趋势。自然养护 28 d 后,S1～S6 的抗压强度相对于对照组 S0 的增量分别为 11.43%、15.02%、8.20%、−4.85%、−12.07%、−14.59%,这表明当改性沙漠砂相对于水泥的替代量在 0～15 wt% 的范围内时,改性沙漠砂对水泥砂浆的力学性能产生积极作用。而当改性沙漠砂的加入量为 30 wt% 时,水泥砂浆的力学性能出现明显的损失。而盐碱水的加入对水泥砂浆的力学性能影响不大,这种行为具有良好的生态效益。

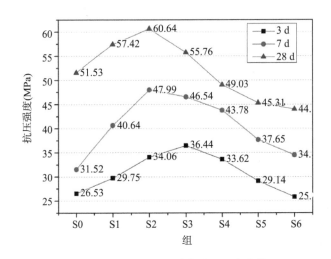

图 6-7 S0～S6 七组试块抗压强度变化

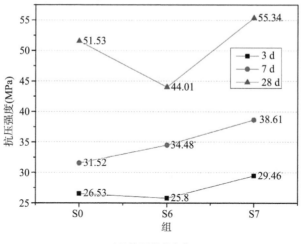

（a）抗压强度变化

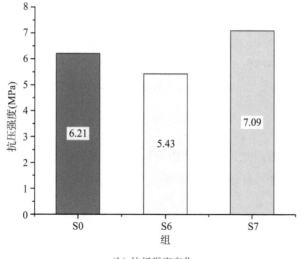

（b）抗折强度变化

图 6-8   S0、S6、S7 三种试块的力学性能变化

生态纤维对水泥砂浆硬化后的力学性能具有较明显的影响,如图 6-8 所示。随着养护天数的增加,对照组、S6、S7 的抗压强度均不断增加。在加入改性沙漠砂后,与对照组相比 S6 在养护 3 d 后的抗压强度略低,养护 7 d 后的抗压强度与对照组相比更高,但其养护 28 d 后的抗压强度比对照组低 7.52 MPa,其抗折强度也比对照组低 0.78 MPa,这表明此时加入改性沙漠砂并未使水泥砂浆的力学性能得到优化。而在同时加入改性沙漠砂及生态纤维的情况下,S7 在养护 3 d、7 d 及 28 d 时的抗压强度均高于对照组与加入改性沙漠砂的水泥砂浆,养护 28 d 后的抗压强度比对照组高 3.81 MPa,抗折强度高于对照组 0.88 MPa,这表明同时加入改性沙漠砂与生态纤维的水泥砂浆的力学性能较好,生态纤维的加入提升了水泥砂浆的力学性能。

6.5　性能提升机理分析

本章将筛选后的改性沙漠砂细粉部分替代水泥,形成多元复合胶凝材料。由于改性沙漠砂颗粒小,部分替代水泥后并不会造成强度降低。加入盐碱水后,盐碱水中的氯离子可以起到促进水化的效果,同时盐碱水中的氢氧化钠可以刺激改性沙漠砂溶蚀。纤维可以起到桥连作用,增加水泥基材料的韧性,聚羧酸高性能减水剂的使用一方面可以增加水泥基材料的流动度,同时聚羧酸高性能减水剂中的大分子链可以使纤维更好的分散开来。加入的粗颗粒沙漠砂,搅拌混合后,形成具有较高力学性能且低收缩开裂的生态纤维复合改性沙漠砂增强水泥砂浆。

6.6　本章小结

本章结合我国西北地区气候环境特征,使用改性沙漠砂、水泥、清水、盐碱水、粗颗粒沙漠砂、纤维、聚羧酸高性能减水剂,研制了一种纤维复合改性沙漠砂增强水泥砂浆。

筛选后改性的沙漠砂细粉,部分替代水泥形成多元复合胶凝材料,减少水泥的使用量,充分利用了沙漠砂资源,并降低了能耗。使用聚羧酸高性能减水剂,在降低拌合水用量的同时保证新拌砂浆具有一定的坍落度,同时聚羧酸高性能减水剂中的高分子链可以使生态纤维更好的分散开来,此举降低了拌合水用量,节约水资源。使用大于 2 mm 的粗颗粒沙漠砂作为粗骨料,改善了混凝土骨料的级配,并充分利用沙漠砂资源,减少了沙漠砂资源的浪费。加入适量盐碱水后,混凝土仍保持良好的力学性能,适合在西北盐碱地区推广使用。生态纤维可以起到桥连作用,增强生态纤维复合改性沙漠砂增强水泥砂浆的黏结力,同时也可以起到增韧阻裂作用,充分利用了自然资源。

纤维复合改性沙漠砂增强水泥砂浆具有较高的强度且具备较高的韧性,

在建筑领域具有良好的市场前景,适合推广应用。纤维复合改性沙漠砂增强水泥砂浆可显著降低建筑能耗、充分利用干旱盐碱地区的建筑与水资源,扩展了建筑用砂的渠道,具有显著的经济与生态效益。

参考文献

[1] 陈美美,宋建夏,赵文博,等. 掺粉煤灰、腾格里沙漠砂混凝土力学性能的研究 [J]. 宁夏工程技术,2011,10(01):61-63.

[2] 杜勇刚,刘海峰,马荷姣,等. 沙漠砂混凝土抗压和抗折强度试验研究 [J]. 混凝土,2018(01):102-104+108.

[3] 付杰,马菊荣,刘海峰. 粉煤灰掺量和沙漠砂替代率对沙漠砂混凝土力学性能影响 [J]. 广西大学学报(自然科学版),2015,40(01):93-98.

[4] 郭威,刘娟红. 新疆沙漠细砂混凝土配合比及混凝土性能研究 [J]. 粉煤灰综合利用,2014(04):28-31.

[5] 刘海峰,王亿颖,宋建夏. 沙漠砂替代率对沙漠砂混凝土动态特性影响数值模拟 [J]. 混凝土,2017(03):63-67.

[6] 刘娟红,靳冬民,包文忠,等. 沙漠砂混凝土性能试验研究 [J]. 混凝土世界,2013(09):66-68.

[7] 刘宁,刘海峰,杨浩,等. 高温对沙漠砂混凝土抗压强度的影响 [J]. 广西大学学报(自然科学版),2018,43(04):1581-1587.

[8] 吕志栓. 以抗压强度为目标值的沙漠砂替代率的研究 [J]. 四川水泥,2018(10):325+332.

[9] 马荷姣,刘海峰,刘宁,等. C40 沙漠砂混凝土抗碳化性能 [J]. 广西大学学报(自然科学版),2017,42(04):1541-1547.

[10] 杨维武,陈云龙,马菊荣,等. 沙漠砂替代率对高强混凝土抗压强度影响研究 [J]. 科学技术与工程,2014,14(19):289-292.

[11] 杜伊,杨宝平,王宏涛,等. 沙漠砂贫混凝土在变电站塌陷治理中的应用 [J]. 铜业工程,2021(03):18-21.

[12] 冯艳娜. 沙漠砂喷射混凝土在隧道施工中的应用 [J]. 科技创新与应用,2022,12(32):177-180.

第 7 章

沙漠砂资源化利用的思考与展望

　　本书在超高性能混凝土的设计理念基础上,研究沙漠砂替代河砂制备高性能纤维增强水泥基复合材料的可能性及其作用机理,区别于传统的将沙漠砂直接作为骨料使用,本文基于沙漠砂"超细砂"的物理特征,将其改性处理分成沙漠砂活性粉末与沙漠砂粗骨料两部分,并分别作为功能组分进行新材料的研发与性能研究。孔结构是水泥基材料中最为复杂且重要的组成部分,本文借助多种表征手段研究沙漠砂复合纤维增强水泥基材料中的孔结构特征,并建立相关拟合线性关系。本文研发的高性能水泥基复合材料以及建立的拟合分析方法,为沙漠砂的资源化利用提出了多种新思路。

　　本书尝试使用大掺量固废等矿物掺合料替代部分水泥,并研究原状沙漠砂逐渐替代河砂时对纤维增强高性能水泥基复合材料的影响。将预处理沙漠砂作为活性粉末对水泥基材料的性能进行研究,将沙漠砂改性处理后当成辅助胶凝材料部分替代水泥,测试不同替代量时水泥基复合材料的水化 3 d、7 d 及 28 d 抗压抗折强度,并通过水化热、XRD、SEM 以及 MIP 技术研究沙漠砂中的细颗粒部分对水泥水化过程的影响机理。其次,将沙漠砂作为细骨料研究其对水泥基复合材料性能的影响,首先比较了传统孔结构研究方法(压汞法——MIP)与基于断层扫描技术(X-CT)建立孔结构模型的方法之间的差异,然后对不同组成混合细骨料的比表面积(SSA)进行近似计算并分析其粒径分布,采用 μX-CT 技术测量各不同细骨料组成的砂浆的空隙系统,建立空隙含量与砂子 SSA 的关系,最终研究细骨料组成与高强纤维增强砂浆空隙体系的关系,并分析沙漠砂的加入对高强纤维增强砂浆空隙体系的影响。

最后,结合我国西北地区的气候特征,研制生态纤维复合改性沙漠砂增强水泥砂浆,就地取材,将筛选后的改性沙漠砂细粉部分替代水泥形成多元复合胶凝材料,使用盐碱水作为拌合水、引入生态纤维起到增强增韧的效果,形成具有较高力学性能且低收缩开裂的生态纤维复合改性沙漠砂增强水泥砂浆。

7.1 关于沙漠砂资源化利用的思考

(1) 使用沙漠砂制备出沙漠砂复合纤维增强水泥基材料

在沙漠砂复合纤维增强水泥基材料的配合比设计中,使用低水灰比降低拌合水用量,节约干旱地区水资源用量;使用工业废料粉煤灰、硅灰替代部分水泥,减少碳排放和建筑能耗;将沙漠砂部分(完全)代替河砂,不仅有效地缓解建筑用砂的供需矛盾、充分利用西北地区沙漠砂的丰富资源,并且缓解了由于生态保护、河湖保护造成的河砂短缺问题。在标准养护条件下,随着沙漠砂掺量的增加,水泥基材料的力学性能先上升后下降;在蒸汽养护条件下,随着沙漠砂掺量的增加,水泥基材料的力学性能不断提高,当使用沙漠砂完全替代河砂时,混凝土的抗压强度与抗折强度分别提高了 36.91% 和 77.95%,这对于沙漠砂在水泥基材料中的应用有着积极的作用。在蒸汽养护条件下,随着沙漠砂掺量的增加,水泥基材料的孔隙率不断降低,通过进行 XRD 测试发现,沙漠砂的加入会影响水泥水化进程并提高水化产物的相对含量;TG 测试的结果表明,随着沙漠砂的掺入,样品碳化固化后的碳酸钙量增加;而通过 SEM 技术对微观结构进行了分析,发现纯沙漠砂水泥基材料中水化产物明显多于纯河砂水泥基材料。随着沙漠砂掺量的增加,水泥基材料的孔结构不断优化,沙漠砂对水泥基材料的水化起到了积极的促进作用,使水泥基材料结构更加致密,提高了水泥基材料的力学性能。

(2) 改性沙漠砂微粉作为辅助胶凝材料的可行性

与原始沙漠砂不同,筛分处理后获得的 SDS 颗粒更加光滑,粒径分布特征与水泥较为相似。SDS 的化学组成也发生了明显的变化,SiO_2 的含量从 71.54% 下降到 34.54%。Fe_2O_3、Al_2O_3、CaO、MgO、K_2O、Na_2O 等碱性氧化物的总含量由 27.5% 提高到 56.13%。与传统的矿渣、硅质粉煤灰、石灰石粉等外加剂相比,SDS 在物理和化学性质上有许多相似之处。在水泥硬化初期,在 0~30 wt% 的掺量范围内,SDS 对水泥抗压强度均有积极的促进作用。

在硬化后期,能提高抗压强度的 SDS 含量范围明显缩小(0~15 wt%),SDS 作为补充胶凝材料的适宜用量范围为 10 wt%~15 wt%。SDS 的使用可以促进水泥早期 60 h 的水化,但随着 SDS 用量的增加,其对水泥水化的促进作用减弱。掺入 SDS 的水泥的放热速率表现出与纯水泥相似的 4 个水化阶段,但各阶段的开始和结束时间以及放热速率发生显著变化。SDS 的使用促进 CH 晶体的生成,加速 C—S—H 凝胶的形成,从而优化了孔隙结构。适量的 SDS 与周围的 C—S—H 凝胶紧密结合,提高水泥浆体的力学性能,过量的 SDS 提高了水泥浆体的孔隙度,SDS 颗粒之间水化产物少、结合力差,降低水泥浆体的抗压强度。

(3) 沙漠砂作为细骨料对水泥基材料孔结构的影响

MIP 和 μX-CT 技术被用来研究不同沙漠砂掺量的纤维增强砂浆的孔隙结构。由于测定方法的不同,得到的孔隙率也不同。为了使研究更加具有说服力,至少需要两种方法(MIP、μX-CT)来研究不同沙漠砂掺量的纤维增强砂浆的孔隙结构。基于 μX-CT 技术使用两种方法来分析纤维增强水泥基材料的孔结构。第一种方法是通过计算每张 CT 图像的孔隙率得到纤维增强水泥基材料不同深度处的孔隙率和总孔隙率,结果表明:在控制沙漠砂替代量不变的情况下,随着深度的增加,孔隙率呈逐渐降低的趋势;随着沙漠砂替代量的增加,孔隙率先降低后升高,沙漠砂替代量为 50 wt%时孔隙率最小,相对于纯河砂纤维增强水泥基材料减少了 30%,孔隙率降低说明纤维增强水泥基材料孔结构得到优化。第二种方法是基于 Avizo 软件对纤维增强水泥基材料孔结构进行建模分析,得到了五组纤维增强水泥基材料孔结构的三维模型。通过三维模型可以看到孔的大小和数量等特征信息,可以更直观地对孔结构做出分析,也可以在软件中获取相关的孔结构信息,如孔隙率、平均孔体积等。通过三维建模获取的孔隙率与第一种方法获取的孔隙率的变化趋势基本相同,都在沙漠砂替代量为 50 wt%时纤维增强水泥基材料孔隙率取得最小值。不同沙漠砂掺量的纤维增强水泥基材料的抗压强度随孔隙率的增大而减小,且孔隙尺寸越大数量越多纤维增强水泥基材料的抗压强度越小。当沙漠砂替代量为 50 wt%时,通过两种方法测得的纤维增强水泥基材料孔隙率均为最小值,抗压强度达到最大值。孔结构的优化有效改善了纤维增强水泥基材料的微观结构,使纤维增强水泥基材料微观结构变得更加致密,提高了抗压强度。

（4）细骨料组成对水泥基材料中空隙体系的影响

通过 X-CT 技术研究不同细骨料组成在高强纤维增强砂浆内部空隙体系形成中的作用。通过计算不同细骨料混合物的 SSA 值,建立 SSA 与高强纤维增强砂浆的总空隙率之间的线性关系。为了获得空隙系统的尺寸分布,利用数据分析、直观观察等方法得出合适的空隙系统 3D 模型,并获得空隙系统的空隙数量、空隙率、最大孔径和平均孔径,探讨细骨料组成对空隙尺寸分布的影响。沙漠砂与河砂整体了物理与化学特征相近,但是沙漠砂的粒径更小、粒径分布更加集中,且表面更加光滑,沙漠砂中的 CaO 含量显著高于河砂。当两种砂子混合后,细骨料混合物的粒径分布趋于平缓,且随着沙漠砂比例的增加,细骨料混合物的粒径分布向沙漠砂靠近,整体表现出的 SSA 值越来越大。基于 X-CT 技术进行空隙系统建模分析时,存在不同的建模方法。基于气相和固相的区别以及空隙的边界进行自动建模,该模型更为精确,但无法获得定量统计数据。通过体绘制方法建立三维模型时,需要不断调整阈值以捕获较为准确的空隙系统在二维切片数据上的边界。结合两种方式的优劣势,并通过对模型的直观观察、数据拟合法并结合材料本身的性质可得出准确的空隙系统 3D 模型与统计数据。随着 SSA 的增加,每组高强纤维增强砂浆的空隙从 12 446 个下降到 6 652 个,总体趋势为随着沙漠砂含量的增加,空隙的数量减少。每组砂浆的空隙率的值相差不大,也呈随着 SSA 的增加逐渐下降的趋势。当细骨料完全为沙漠砂时,高强纤维增强砂浆的空隙率从 1.21% 降到 0.98%。利用长度、宽度和厚度(L、W、T)参数的比值,分析了空隙系统的三维形状。研究发现大多数空隙的形状为椭圆形或近似圆形。L/T 值和 W/T 值在 14～16 之间,反映出空隙有显著的非球形形状,这表明通过 X-CT 技术建立的空隙系统模型还原度较高,并没有牺牲掉空隙系统的真实形貌来进行后续的数据计算。不同粒径砂子的混合使用对高强纤维增强砂浆的空隙体系的优化起到了积极的作用。随着沙漠砂含量的增加,空隙系统向着粒径减小、数量降低的趋势变化。比表面积(SSA)值与整体空隙率呈正斜率线性关系。当细骨料混合物完全成为沙漠砂时,我们发现在高强纤维增强砂浆的空隙体系出现少量超大粒径的空隙,且此时高强纤维增强砂浆的抗压强度也呈现出降低的变化趋势。

（5）考虑地区气候环境特征的沙漠砂应用研究

结合我国西北地区气候环境特征,使用改性沙漠砂、水泥、清水、盐碱水、粗颗粒沙漠砂、纤维、聚羧酸高性能减水剂,研制了一种纤维复合改性沙漠砂增强水泥砂浆。筛选后改性的沙漠砂细粉,部分替代水泥形成多元复合胶凝材料,减少水泥的使用量,充分利用沙漠砂资源,并降低了能耗。使用聚羧酸高性能减水剂,在降低拌合水用量的同时保证新拌砂浆具有一定的坍落度,同时聚羧酸高性能减水剂中的高分子链可以使生态纤维更好的分散开来,此举降低了拌合水用量,节约水资源。使用大于 2 mm 的粗颗粒沙漠砂作为粗骨料,改善混凝土骨料的级配,并充分利用沙漠砂资源,减少沙漠砂资源的浪费。加入适量盐碱水后,混凝土仍保持良好的力学性能,适合在西北盐碱地区推广使用。生态纤维可以起到桥连作用,增强生态纤维复合改性沙漠砂增强水泥砂浆的黏结力,同时也可以起到增韧阻裂作用,充分利用了自然资源。纤维复合改性沙漠砂增强水泥砂浆具有较高的强度且具备较高的韧性,在建筑领域具有良好的市场前景,适合推广应用。纤维复合改性沙漠砂增强水泥砂浆可显著降低建筑能耗、充分利用干旱盐碱地区的建筑与水资源,扩展建筑用砂的渠道,具有显著的经济与生态效益。

(6)沙漠砂资源化利用的经济与社会效益分析

我国沙漠总面积约为 130 万 km^2,有着大量天然的沙漠砂资源,集中分布在北方、西北地区 9 个省份。"一带一路"倡议推动了我国西部地区工程建设的快速发展,同时加快了建筑材料的消耗。针对北方、西北地区偏远以及运输成本高等现状,工程用砂的供需矛盾日益突出。我国明确提出了 2030 年"碳达峰"与 2060 年"碳中和"的目标,"双碳"战略倡导绿色、环保、低碳的生活方式。加快降低碳排放步伐,有利于引导绿色技术创新,提高产业和经济的全球竞争力。随着新时代生态文明建设的深入推进,人民对优美生态环境的需求与水土保持系统治理能力不足的矛盾日益突出,着力探索新时代荒漠化防治学的发展突破点,凸显河海大学工科背景和特色优势的学科基础。水泥基材料是最大量使用的土木工程材料,为当今社会市政基础设施和房屋建筑工程的主要使用材料,同时为人类不断扩大开展的海洋、地下、空间研究和建设提供服务。持续发展的新型水泥基材料不断地为水泥基材料科学注入新的内容。

7.2 展望

本书通过研究沙漠砂替代河砂制备高性能纤维增强水泥基复合材料的

可能性及其作用机理、借助多种表征手段研究沙漠砂复合改性纤维增强水泥基材料中的孔结构特征,并建立相关拟合线性关系,获得了一定的研究成果。同时,在开展研究的过程中也发现沙漠砂资源化利用过程中存在的问题与不足,并积极思考新的解决方法,后期将会继续开展进一步的研究工作:

(1) 纤维增强沙漠砂高强水泥基复合材料的耐久性。耐久性是水泥基材料的重要参数指标,使用沙漠砂制备的纤维增强水泥基复合材料的耐久性同样需要系统研究。由于我国的北方和西北地区每年都会受到盐冻和冻融两大病害的影响,针对盐冻环境下的沙漠砂水泥基材料耐久性,如抗渗水、耐腐蚀等,应进一步系统研究其规律与机理。利用固废等矿物掺合料提高沙漠砂水泥基材料的耐久性,要从单方面、多方面耦合进行全面综合化研究,为"双碳"的实现贡献力量。

(2) 沙漠砂混凝土的官方执行标准与检测方法。就目前而言,关于沙漠砂水泥基材料的各类执行标准和检测方法,尚未形成统一的规范标准,不同的研究单位根据各自的研究情况,采用各自的测试方法和技术指标,导致目前的研究成果在一定程度上有很大的局限性。

(3) 沙漠砂高性能水泥基材料的大规模生产设备。到目前为止,国内生产沙漠砂水泥基材料的机械设备还缺乏统一的模型,沙漠混合砂的掺合比、沙漠混合砂浆的湿度、密度以及水泥浆的配合比都需要通过人工经验来调整,因此无法准确地控制浆液的密度。沙漠砂集料混凝土需要多级分拣和经济运距等问题的考量。在我国,沙漠砂主要分布在西北地区,而建筑用砂的大量需求更多的来自中东部发达地区,因此高额的运距成本是导致沙漠砂研究缓慢的主要原因之一。但今后随着"一带一路"倡议的深入推进,运距成本问题将不再凸显。

(4) 沙漠砂的多种资源化形式。除了将沙漠砂用作河砂的替代材料,当今社会有众多的沙漠砂资源化利用形式有待进一步开发:沙漠砂在农业方面的使用,将沙漠砂与其他土壤材料混合处理后,作为改善土壤促进作物生长的营养组分;作为水体提升功能组分,过滤污染水体中的杂质与污染物,达到水体除杂的功效;使用沙漠砂开发文化与艺术作品、家用装饰品等;对沙漠砂进一步加工,得到单晶硅或者纯净氧化硅服务社会相关行业的需求。